Hans Christian Marenbach

Chris legt los

Von Aufschwüngen und Rückschlägen eines Unternehmers

Hans Christian Marenbach

Chris legt los

Von Aufschwüngen und
Rückschlägen eines Unternehmers

Rediroma-Verlag

Bibliografische Information der Deutschen Nationalbibliothek:
Die Deutsche Nationalbibliothek verzeichnet diese Publikation in der Deutschen Nationalbibliografie; detaillierte bibliografische Daten sind im Internet über http://portal.dnb.de abrufbar.

ISBN 978-3-98885-185-7

www.rediroma-verlag.de
19,95 Euro (D)

Liebe Leserin,
lieber Leser,

vielen Dank für Ihr Interesse an diesem Buch!

Hierin erzähle ich die Geschichte des Unternehmers Chris. Sie enthält viele eigene Erlebnisse, die den roten Faden bilden, und doch macht dieses Buch einen Unterschied zu vielen anderen Geschichten über Unternehmen und UnternehmerInnen, die meist als Autobiografien erscheinen.

Diese Erzählung hingegen ist die Verdichtung von Lebens- und Erfolgsgeschichten gleich mehrerer Unternehmerinnen und Unternehmer, die ich im Laufe meines Lebens kennenlernen und begleiten durfte. Die Teilgeschichten lebt Chris im Laufe seines Lebens in einer Person aus. Die Geschichte erzählt den - aus meiner Sicht - zentralen Aspekt des Unternehmerischen an sich im allgemeinen Menschsein: die besondere Herausforderung lebenslangen selbstständigen Lernens, das ein unternehmerisches Leben in besonderer Weise charakterisiert. Dieses selbstständige Lernen beschäftigt also auch Chris als Unternehmer Zeit seines Lebens.

Im Deutschen wird der Begriff Selbstständigkeit so auch treffend als Berufsbezeichnung genutzt, die einen autodidaktischen Charakter der unternehmerischen Eigenständigkeit betont. Jede Person der Gesellschaft lernt selbstständig zu laufen, zu sprechen und vieles mehr. Und doch kommt erst ‚ausgelernten' Erwachsenen die Kennzeichnung als Selbstständige zu und zwar nur dann, wenn sie ein eigenes Geschäft betreiben und nach internationalem Sprachgebrauch damit Entrepreneurs, Unternehmer sind.

Was sagt das über eine Gesellschaft aus, wenn die überwiegende Zahl der Erwerbstätigen einer ‚unselbstständigen' Tätigkeit nachgeht? Welche Vorbereitung erhalten junge Menschen, denen das LERNEN von Laufen, Sprechen, Forschen und Entwickeln noch völlig selbstverständliche Fähigkeit ist, wenn sie von Schulen, Ausbildungen und Studiengängen für eine Erwachsenenwelt vorbereitet werden, in der die Selbstständigkeit mit weniger als einem Zehntel der Erwerbsbevölkerung eine seltene Ausnahmeerscheinung ist?

Diese Erfahrung habe ich selbst im unternehmerischen Mittelstand gemacht. Die Tiefe und Breite der täglichen Praxisanforderungen einerseits und die strategischen Herausforderungen aus der komplexen Weltwirtschaft andererseits sind in den spezialisierten Studien- und Ausbildungsgängen kaum abgebildet. Als promovierter Wirtschaftswissenschaftler war ich auf diese Herausforderungen nicht wirklich vorbereitet.

Etwas ganz anderes hatte mich zusätzlich vorbereitet: dass ich in einem laufenden wirtschaftlichen Betrieb aufgewachsen bin und frühzeitig am Leben der Arbeits- und Leistungswelt teilgenommen habe. Bereits in jungen Jahren habe ich deutlich ältere Auszubildende angelernt und selbst vielfältiges praktisches Können erworben. Das vor allem hat mich mit dem Mindset ausgestattet, unternehmerische Aufgaben zu erfüllen, die immer wieder mit Herausforderungen verbunden sind, bei denen es vor allem darauf ankommt, dazuzulernen, um sich weiter zu behaupten.

Als Gründer, Geschäftsführer, Unternehmensberater, Trainer und Coach für Unternehmerinnen und Unternehmer habe ich tiefe Einblicke erhalten in die Vielfalt und Vielzahl der kleinen und mittleren Unternehmen, heute kurz KMU genannt. Daher habe ich mich entschlossen, einige der faszinierendsten Ereignisse, Erfahrungen und Beziehungen, die ich erleben durfte, zu einer Geschichte zu verdichten.

So ist diese Geschichte als Ganze also frei erfunden. Etwaige Ähnlichkeiten mit tatsächlichen Begebenheiten oder realen Personen wären insofern reiner Zufall.

Ich würde mich freuen, damit einen Beitrag zu leisten, dass sich Selbstständige und die, die es werden wollen, mit den Herausforderungen ihres Werdegangs leichter tun. Natürlich freue ich mich auch über alle Fortgeschrittenen, wenn sie mal ‚leuern' wollen, wie es woanders zugeht, und auch über alle Babyboomer, die wie ich, sich die Frage stellen, was sie mit ihrer letzten Lebensphase beruflich noch anfangen wollen.

Üblicherweise werden Unternehmergeschichten als Erfolgsstories erzählt. Sie sind deshalb selten und überfliegerartig, aus der Sicht ‚normaler' Leute, die zu den Personen dieser Geschichten aufblicken. Allerdings ist es wie im Sport, der Musik, der bildenden Kunst, der Forschung und in vielen anderen Bereichen des Lebens: Sehr viele müssen es versuchen, bis ein Fußballstar Ronaldo entstanden ist. Und die sehr vielen Anderen, die keine Überflieger wurden, hatten auch ihre Herausforderungen zu bewältigen. Sie schufen das branchenspezifische Ökosystem, aus dem heraus einigen wenigen Stars wie Königen gehuldigt wird, die Traumverdienste erzielen.

Chris, der Protagonist dieser Erzählung, erlebt die Geschichten der Vielen, der Nicht-Nur-Erfolgreichen. Er kommt immer wieder an die Grenzen seiner Persönlichkeit und erlebt, dass er diese Grenzen in täglichen Herausforderungen verschieben kann, indem er sie als solche nicht akzeptiert. Sein Unternehmertum besteht aus seinem persönlichen Lernvermögen, das es ihm gestattet, im Laufe seines Lebens nie aufzuhören mit dem Lernen und das ihn so in immer wieder neue Firmen, Branchen und menschliche Erfahrungen führt. Chris erfährt einen inhaltlichen Reichtum in seinem unternehmerischen Leben, der von einer einzelnen Person in einem Leben normalerweise nicht erlebt wird. Beim Schreiben fühlte es sich für mich dennoch manchmal so an, als hätte ich das alles selbst erlebt.

Der Aufbau des Buches ist ganz einfach. Sie finden fünf Abschnitte, die Chris‘ Lebensphasen entsprechen. In den Abschnitten finden Sie insgesamt dreiundvierzig inhaltlich überschriebene Kapitel. Sie können mit jedem beliebigen Kapitel starten und müssen die Geschichte nicht von vorne nach hinten durchlesen.

- Im Prolog wird der Geschichte ein lebensbestimmender Traum voran gestellt, der mit der Realität konfrontiert wird.
- Wenn Sie sich für die Prägung Ihrer eigenen Person durch Geschichte und Vorfahren interessieren und nachempfinden wollen, wie sich ihr eigenes Zur-Welt-Kommen angefühlt haben könnte, lesen Sie Abschnitt eins.
- Interessiert Sie die Berufsfindung in Schule, Ausbildung und Privatleben besonders, lesen Sie Abschnitt zwei.

- Wenn Sie sich mehr für Erfolg und auch Scheitern bei der Unternehmensgründung oder Nachfolge in jungen Jahren interessieren, lesen Sie Abschnitt drei.
- Wollen Sie einen tieferen Einblick in Themengebiete und Projekte etablierter Unternehmen bekommen, widmen Sie sich schwerpunktmäßig dem Abschnitt vier.
- Wollen Sie wissen, wie es weiter gehen kann, wenn Sie nach reichem Berufsleben Ihren Lebenslauf vollenden wollen? In Abschnitt fünf zeige ich Ihnen drei Möglichkeiten.
- Wenn Sie bis zum Ende lesen, sind Sie herzlich eingeladen, nach dem Epilog die Geschichte selbst weiter zu schreiben und zu vollenden.

Ich bin einer Menge Menschen zu Dank verpflichtet, ohne die es diese Geschichte nicht geben würde. Zunächst danke ich meiner Frau Anke und unseren Töchtern Alexandra und Felicia dafür, dass sie es mit mir schon sehr lange aushalten und all meine Projekte stets tatkräftig unterstützen.

Den Unternehmerinnen und Unternehmern, von denen ich so vieles lernen durfte, danke ich sehr herzlich. Besonders meinen leider bereits verstorbenen unternehmerischen Lehrern und Freunden, Eberhard Schwarck und Harald Pflitsch, an die ich mich gern erinnere, bin ich zu besonderem Dank verpflichtet.

Ich danke allen meinen Gesprächspartnern während der Entstehung des Buches für unseren inspirierenden Erfahrungsaustausch. Besonders danke ich der Unternehmerin Carmen Sieckendieck herzlich für die Anregung zu dieser Geschichte.

Nicht zuletzt danke ich meinen eng vertrauten Freunden für die Durcharbeitung des Manuskripts und für wertvolle Hinweise. Meinem langjährigen Weggefährten und Gleichgesinnten Dr. Guido Kaufmann danke ich für unseren stets inspirierenden Gedankenaustausch.

Meine Tochter Felicia hat dankenswerterweise die Grafiken zu den fünf Abschnitten angefertigt: darüber habe ich mich besonders gefreut.

Stefanie Achenbach als Lektorin danke ich für ihren wichtigen Anteil an der Schlussversion des Manuskriptes. Daniel Bieter danke ich für seine Expertise bei der Veröffentlichung des Buches.

Viel Vergnügen bei der Lektüre wünscht Ihnen von Herzen

Dr. Hans Marenbach

Inhalt

PROLOG: AM ANFANG STEHT EIN TRAUM 15

GEBOREN WERDEN 19

UNBEWUSSTER DRANG 20
ERSTER SCHREI 23
HARTE WELT 25
KONSEQUENTER SCHRITT 29
AKUTE GEFAHR 33
WIEDER AUFSTEHEN 38
HERZLICHE FÜRSORGE 42
HÖHERE MACHT 47

SELBSTSTÄNDIG LERNEN 51

TREUER FREUND 52
LANGE REISE 58
LEBENDIGE VIELFALT 63
HOHE SCHULE 66
VIEL ARBEIT 69
SCHÖNER SPORT 74

GROSSE LIEBE 78
SOZIALE PFLICHT 84
FREIE UNIVERSITÄT 88
FATALER UNFALL 93
EIGENE BLEIBE 98
VERRÜCKTE WELT 103

ERWACHSEN SEIN 107

NACHHALTIGES BAUEN 108
GRÜNDLICHES STUDIUM 114
NEUES LEBEN 119
ECHTE BERUFUNG 123
RICHTIGE GRÜNDUNG 130
TIEFER SCHOCK 137

MACHT ERFAHREN 145

WICHTIGER AUFTRAG 146
GUTE CHANCE 151
ARBEITENDES KAPITAL 156
INNOVATIVE INDUSTRIE 166
KREATIVE KOMMUNIKATION 172

MENSCHLICHE MOTIVE ... 177
GEMEINSAMER KAMPF ... 183
ERFOLGREICHE GENERATIONEN ... 189
FASZINIERENDES PRODUKT ... 193
INTELLEKTUELLE WERTE ... 200
EIGENE KOMPETENZ ... 202
BEGRENZTE KRAFT ... 205
BEFREITES AUFTRETEN ... 207
KLUGE ENTSCHEIDUNG ... 210

EWIG WIRKEN ... 215

GESETZTES ALTER ... 216
FRÜHZEITIGES ENDE ... 222
NEUER SCHWUNG ... 227

EPILOG: TRAUM OHNE ENDE ... 232

PROLOG: AM ANFANG STEHT EIN TRAUM

Als er erwachte, stürzte er noch immer.
Er stürzte und stürzte.
Und stürzte.
Ein Stürzen so alt wie die Welt.
Ohne konkreten Anfang.
Mit ungefähren Ahnungen aus dunklen Kalendern der Vergangenheit.

Er stürzte und stürzte.
Und stürzte.
Ohne bestimmtes Ziel.
Mit vagem Gefühl für die Richtung.
Nach unten.

Er stürzte und stürzte.
Ohne ausgesprochene Furcht.
Alles schien normal.
Alles schien schon ewig zu gehen.

Er stürzte und stürzte.
Irgendwie war es wie Schweben.
Der Raum um ihn herum schien sich zu bewegen.

Er stürzte und stürzte.
Irgendetwas sagte ihm, dass es nach unten ging.
In ein ungewisses Etwas, das er nicht fürchtete.

Er stürzte und stürzte.
Nur ein Unbehagen begleitete ihn auf seinem Weg.
Nach unten.

Chris stürzte. Er wusste nicht, wie lange schon. Sein Blick zurück half ihm nicht, klarer zu sehen.
Alles schien wie zuvor.
Er stürzte.
Sein Blick nach vorn offenbarte ihm nichts.
Zunächst.
Alles schien wie zuvor.
Stürzen war Schweben. Schweben ängstigte ihn nicht.
Er stürzte.
In weiten Ewigkeiten der Unendlichkeit.
Zunächst.

Dann sah er es.
Chris sah zum ersten Mal in seinem Leben den Grund.
Dem er sich unaufhörlich näherte.

In kleinteiligem Mosaik aus hellblauen, graugesprenkelten und weißen Kacheln sah er mit Grauen den Fußboden. Dieser kam unmissverständlich und schnell auf ihn zu.

Chris wünschte sich zurück. Zurück in den sicheren Arm seiner Mutter. Zurück an den festen Nippel ihrer weichen Brust. Zurück an den betörenden Duft ihrer Aura. Zurück an den nährenden Saft ihrer Milch.

Von wo er gekommen war.

Er war noch nicht bereit für den sogenannten Ernst des Lebens. Er liebte es, in seligem Dämmerschlaf wie ein Engel in der Welt zu schweben. Unbehelligt von der Zeit. Als Teil unendlicher Weite. Verschont von Unbill. Behütet vom Herzen seiner Mutter.

Das für einen Moment vergessen hatte, für ihn mitzuschlagen. Und sie veranlasste, den beschützenden Griff um Chris' verletzlichen Körper einen Hauch zu weit zu öffnen.

Was sie sich niemals verzieh.

Es half Chris nicht mehr. Er stürzte. Aber nicht mehr lange. Mit seinem Kopf vorneweg erreichte er den Grund der Welt in Gestalt des Badezimmerfußbodens. Nicht ohne dass seine Mutter geistesgegenwärtig ihn noch am linken Fuß zu fassen bekam.

Und damit Schlimmeres verhinderte.

Für Chris machte das allerdings keinen Unterschied mehr. Er trug eine hässliche und übel schmerzende Prellung mit Prägung in Mosaikform davon. Er war zwar lebendig, aber schmerzlich getroffen.

Er fasste einen unbewussten aber epochalen Entschluss. Nie wieder wollte er so unsanft aus seinen Träumen gerissen werden. So bald wie möglich würde er deshalb auf eigenen Beinen stehen.

FM

GEBOREN WERDEN

Somit ist das wache Leben ein meteorisches Phänomen, das aus dem Unermesslichen auftaucht und das glühend und sich fühlend in einer flüchtigen Gegenwart seine Spur zieht, um in einer zweiten Nacht zu verschwinden, von der wir nicht einmal wissen, ob sie derjenigen gleicht, aus der das große Hervorgehen geschieht.

Peter Sloterdijk
Tractatus psychologico-philosophicus, § 1; in: Der Zauberbaum, 1987

UNBEWUSSTER DRANG

Die große Katastrophe war gerade einmal 18 Jahre vorbei, als Chris geboren wurde. Der größte Leichenberg der Menschheitsgeschichte war in einer technokratischen Raserei von der halben Welt angerichtet worden. Und sie war vom Land seiner Geburt verbrochen worden.

Massenhaftes Töten, Verstümmelungen, Misshandlungen, Unterdrückung und Vertreibung im großen Stil waren allenthalben immer noch nicht überall vorbei. Überlebende wurden hart, um weiterleben zu können. Zerstörungen prägten das Leben. Und der Wiederaufbau füllte ungezählte Tage.

Auch Chris' Mutter war ein Flüchtlingskind. Sie lebte glücklich und zufrieden am Rande des Deutschen Reiches mit ihren Eltern, die sich als Müllersleute verdingten. Als sich das sogenannte Tausendjährige Reich mittels Kapitulation nach wenigen Jahren in Luft auflöste, bekam dies auch die Familie von Chris' Mutter zu spüren. Sie wurden von einstmals freundlichen Nachbarn aus ihrer böhmischen Heimat vertrieben.

Unversehens befanden sie sich unter den lebensfeindlichen Bedingungen eines Flüchtlingstrecks. Den Elementen unvermittelt ungeschützt ausgesetzt, litt die Familie unterwegs Kälte, Hunger und Angst. Sie verlor ihren jüngsten Spross, dem die Zumutungen ihres neuen Lebens zu sehr zusetzten, als dass er als Baby zu überleben in der Lage gewesen wäre.

Chris' Mutter, die Schwester des verstorbenen Säuglings, beseelte seitdem für den Rest ihres Lebens nur eines: Sie wollte es wieder schön haben und scheute weder Mühe noch Leid, um ihrem Ziel näher zu kommen.

Schon in ihren frühkindlichen Tagen unterstützte sie ihre Eltern und ihren älteren Bruder beim Aufbau der neuen

Existenz in Sachsen. Sie sammelte, hütete, besorgte, trieb Geld ein für ihre Familie und wurde fleißig ohne Unterlass. In kurzer Zeit fasste ihre Familie Fuß in der neuen Welt.

Doch erkannte sie auch, dass die neuen Nachbarn und das sozialistische System ihrem Ziel, es wieder schön haben zu wollen, nicht wirklich Vorschub leistete. Sehr zum Trübsal Ihrer Familie beschloss sie deshalb schon als Jugendliche, wieder auf einen Flüchtlingstreck zu gehen. Diesmal freiwillig, gen Westen.

Gerade rechtzeitig vor der Schließung der innerdeutschen Grenze erreichte sie den vermeintlich goldenen Westen und fand im Rheinland endlich ihre eigene Zukunft und Heimat. Sie konnte arbeiten, kein Leid warf sie aus der Bahn, und sie war klug.

Ihren Kindern wollte sie eine sorgenfreie Kindheit schenken. Als Chris, ihr Erstgeborener, das Licht der Welt erblickte, hatte sie zuvor alles bestens bestellt.

Ein großes beheiztes Haus. Eine große angesehene Schwiegerfamilie. Ein großer stolzer Ehemann mit akademischem Titel und sicherem Einkommen auf Lebenszeit. All das fand sie auf dem großen führenden Hof ihres Mannes. Seit Generationen versorgten seine Vorfahren und er Patienten und Beschäftigte als Manager der Landwirtschaft einer Klinik mit Milch und Honig. Und mit noch so viel mehr.

Es war alles dafür getan, dass Chris es schön haben würde. Wenn nicht Chris‘ Mutter selbst Opfer ihres Eifers geworden und beim Stillen ihres geliebten Sohnes vom Sekundenschlaf übermannt worden wäre. Der Chris, noch viel früher als ehedem seine Mutter auf der Flucht, selbst aus seinem Paradies vertrieb, indem er senkrecht den harten Grenzen der Welt entgegenstürzte.

So besiegelte diese frühe Sekunde seines zarten Lebens Chris‘ Zukunft und seinen restlichen Lebensweg. Er trug zwar keine bleibenden Schäden davon. Tief in seinem Inneren spürte er seitdem aber einen unbewussten Drang. Er hatte die grundsätzliche Unsicherheit des Lebens erfahren und wollte, wie zuvor schon seine Mutter, es wieder schön haben.

ERSTER SCHREI

Unterschiedslos sind wir zusammen. Schweben in einer selbstverständlichen Ewigkeit. Lauschen in ozeanischen Klängen. Verweilen in unserer geliebten Sphäre.

Das Erste, was wir zu unterscheiden lernen ist unser Rhythmus. Das Pulsieren unterscheidet uns. Beim ersten Mal, wenn der Unterschied zwischen zwei Takten spürbar wird, entsteht ein Fragezeichen. Ein Aufhorchen.

Im ewigen Kontinuum unseres Beisammenseins schweben wir ineinander verschränkt. Unser Fluidum verbindet uns. Unsere Nahrung ist eins. Auch unser Fühlen geht ineinander über. Alles ist mild, temperiert, gedämmt und gechillt.

Bis der erste Unterschied langsam spürbar wird. Mein Herzschlag geht anders. Mein Herzschlag gehört zu mir und macht den Unterschied zum anderen.

Chris wusste früh, was schön ist. Selbst als die Grenzen zwischen ihm und seiner Mutter durch zunehmende Enge immer deutlicher wurden, gab es für ihn nie einen Zweifel an der Schönheit seiner Welt.

Das rhythmische Vorwärtsstreben in die neue Welt muss für Chris die innigste Umarmung gewesen sein, die seine Mutter ihm je bereitete. Immer wieder ließ sie ihn verschnaufen, bis die nächste Presswehe ihn zwar unsanft, aber voll und ganz geborgen, seiner Zukunft Stück für Stück näher brachte.

In einer wundersamen Doppelbewegung aus geschoben werden und sich hingezogen fühlen, erblickte Chris das Licht der Welt. Sofort musste er die Kälte fühlen und spüren, dass etwas fehlte.

Und schrie.

Und schrie.

Und schrie.

Bis der unverhoffte Moment folgte, in dem seine Mutter ihm kurzerhand den Nippel ihrer übervollen Brust in seinen süßen Mund steckte. In einem Reflex griff er zu, saugte und schluckte.

Und immer wieder saugte und schluckte er.

Chris' Mutter verstand es, ihrem Sohn sein neues Habitat außerhalb ihrer selbst ganz nach seinem Belieben einzurichten. Sie bettete ihn schon kurz nach seiner Geburt unter einem Kirschbaum, und sie sah ihn entzückt vom Konzert der Vogelstimmen. Sie wiegte ihn auf ihrem Arm, und sieh sah ihn tiefer und fester schlafen denn je.

Seine neue Fähigkeit des Schreiens verband ihn auch in seiner neuen Welt auf das Verlässlichste mit seiner Mutter, wenn sie es versäumt hatte, ihm seine Wünsche schon an seinem Gesicht abzulesen. Sein Schrei genügte und es würde etwas passieren, das ihn wieder besänftigte.

Chris wusste, was schön war und sollte sich seinen Sinn für Schönheit Zeit seines Lebens bewahren. Träumen, Lauschen und ‚Nuckeln' ließen ihn auf immer mit seinem pränatalen Paradies in Verbindung stehen.

Nachdem nun aber selbst seine neue Fähigkeit, das Schreien, gegen seine frühe Karambolage mit dem Fußboden machtlos war, wurde es höchste Zeit für Chris, auf eigenen Beinen zu stehen. Er beschloss, selbst laufen zu lernen.

HARTE WELT

Die unsanfte Begegnung mit dem gekachelten Fußboden stattete Chris mit zwei grundlegend neuen Wahrnehmungen aus: Er lernte sehr früh, dass die Welt hart ist, was ihn sehr schmerzlich beeindruckte. Und er erfuhr, dass seine neue Welt ihn nicht zerstörte, was ihrer Härte den furchteinflößenden Schneid nahm.

Das Eine verband ihn für den Rest seines Lebens mit schier unerschöpflichen Weltbegegnungsmöglichkeiten. Das andere verhalf ihm zu seiner besonderen Fähigkeit, sich selbst von Schmerz und Leid nicht davon abhalten zu lassen, den ersten Punkt ausgiebig zu seinem Lebensinhalt zu machen.

Chris startete durch. Nachdem er sich bis dato vornehmlich dem Träumen, Lauschen und Nuckeln gewidmet hatte, konnte es ihm ab sofort gar nicht schnell genug gehen, mit der Erkundung seiner neuen Welt.

Aber da hatte er falsch gewettet.

Seine viel zu frühe Konfrontation mit der Härte der Welt entpuppte sich für ihn seltsamerweise als Glücksfall einer wegweisenden Begegnung. Einer nicht vorgesehenen Begegnung, am Ende seines Sturzes. Vom einstmals beschützenden Arm seiner Mutter.

Jetzt aber lag er da. Überwältigt von der Schwerkraft. Weit entfernt davon, auf eigenen Beinen zu stehen. Von seinem bloßen Gewicht gefesselt an den Boden seiner Welt, ohne dass er ihre Härte zu überwinden in der Lage war.

Er begann zu strampeln und wild durcheinander zu toben. Mit jeder Anstrengung spürte er, wie er wacher und aufmerksamer wurde und wie sein kleines Herz immer lebhafter wurde.

Er lernte Oben und Unten zu unterscheiden, lernte Hartes und Weiches zu erspüren und lernte sich anzustrengen.

Chris lernte eine elementare Fähigkeit für den Rest seines Lebens, nachdem sich seine neue Ausdrucksform Schreien für diese Welt als nicht verlässlich genug herausgestellt hatte. Chris lernte sehr früh in seinem Leben auszuprobieren. Und die Erfolge waren derart ergiebig, dass er davon niemals mehr ablassen sollte. Er wurde zum Ausprobierer. Er wurde Autodidakt.

Aber auch für ihn kam das Unvermeidliche, das jedem Lernen vorausgeht. Üben ohne Unterlass. Geduld mit Spucke und stets frohes Schreiten zur Tat. Dann wird‘s schon werden. Gesagt getan. Chris strampelte seit gefühlten Ewigkeiten, aber die Härte der Welt zeigte sich ihm nicht wieder. Zunächst.

Er strampelte und strampelte. Bis er eines Tages den Bogen heraus hatte. In einer Anwandlung von spontanem Zucken verstand er es, eine Drehung vom Rücken auf den Bauch zu bewerkstelligen und spürte auf einmal: Die Härte der Welt ist unten. Und er war auf ihr. Nichts war über ihm.

Unter ihm gab es keinen Platz mehr, aber über ihm war alles frei. Sein Strampeln und Zappeln, seine Anstrengung und Geduld bekamen eine Richtung. Er wusste jetzt aus uraltem Wissen mit vollkommener Sicherheit, was er zu tun hatte. Von unten nach oben hatten seine Bemühungen zu erfolgen.

Auch, wenn er diese Erkenntnis mit absoluter Sicherheit und Klarheit verspürte, so war der Weg doch noch weit. Sein Weg machte einen Umweg. Er stemmte sich mit aller Macht gegen den Boden der Welt.

Er begann. Zu krabbeln. Und lernte. Eine wichtige Lektion. Sein Weg nach oben war begrenzt. Aber sein Weg vorwärts wurde von selbst auferlegten Übungen immer flotter, zielsicherer. Er wurde seiner selbst immer sicherer.

Ein unbändiger Stolz übermannte Chris jedes Mal, wenn er sich den Zimmerfußboden Untertan machte. Von Entzücken getragen konnte er gar nicht mehr ablassen von der Durchmessung der gesamten Zimmerfläche. Diese Welt war nun schon die Seine geworden und er juchzte vor Freude, auf der Welt zu sein. Auf seiner Welt.

Eines Tages rührte sich wieder etwas in ihm, dessen Tragweite er zunächst nicht begriff. Die Welt hatte ihre Härte nicht nur am Boden. Sie hatte Härte auch in der Senkrechten. Die Erwachsenen nannten es Wand oder Tischbein oder Fels oder Baum oder Geländer.

Als Chris begriff, was das mit ihm zu tun hatte, hielt er den Schlüssel seiner Menschwerdung sprichwörtlich in seinen Händen. Er ertastete die senkrechte Welt. Er ertüchtigte seine Arme. Auf dass sie seinen Beinen zu Hilfe eilen konnten. Er übte und übte.

Eines Tages, nach unzähligen Versuchen, hob er sich einfach hinweg von der Schwere des Fußbodens und hielt sich auf den Beinen. In größter Anstrengung vollbrachte sein kleiner Körper Überirdisches, in erstmaliger Harmonie von Armen und Beinen, Herz und Atem, wenn auch noch zittrig.

Chris stand auf eigenen Beinen.

Voller Stolz.

Ohne Furcht.

Erstmals weit über dem Fußboden, dem er vor nicht allzu langer Zeit noch entgegen raste.

Nicht einmal neun Monate alt, hatte Chris erstmals einen heiligen Schwur erfüllt und sich den Boden der Welt zu seinem Untertan gemacht.

Was für ein Triumpf. Eine nie gekannte unbändige Freude übermannte ihn augenblicklich und sorgte dafür, dass Chris für den Rest seines Lebens nie vergessen würde, wie man sich als Mensch über sich selbst erhebt. Wie er sich selbst ein erhebendes Gefühl bereiten konnte.

KONSEQUENTER SCHRITT

Offenbar hatte er seine gesamte Familie mit seiner ersten Selbstständigkeit beeindruckt. Sein stolzer Vater begann sich erstmals mit Chris zu beschäftigen. Selbst die Großeltern kamen eigens, um ihn anzufeuern.

Sie streckten ihre Arme nach ihm aus, blieben aber auf Distanz. Er verstand und eierte seinen ersten eigenständigen Schritt auf sie zu. Applaus und Hurra-Rufe feuerten ihn an. Kaum hatte er herausgefunden, was es hieß, sein Gleichgewicht im Stehen auszubalancieren, traute er sich, den ersten freihändigen Schritt zu machen.

Und noch einen. Und noch einen. Und endlos weitere.

Chris trat in seine Welt hinaus. Seine ersten eigenständigen Schritte bildeten den Beginn für sein Lebensprogramm von Weltenwanderung und Welterfahrung.

Er liebte es, auf seinen Beinen zu stehen. Es fühlte sich gut an, der Schwerkraft ein Schnippchen zu schlagen. Es war beeindruckend, wie weit ihn seine eigenen Füße zu tragen bereit waren. Es war atemberaubend, die neuesten Winkel der Welt zu erreichen. Chris staunte ob der Größe und Vielfalt der ihm bislang verborgenen Welt.

Chris‘ Vater betrieb die Landwirtschaft einer angesehenen Nervenklinik in dritter Generation. So kam es, dass Chris in kürzester Zeit eine wirklich große Welt sein Eigen nennen konnte, kurz nachdem er Laufen gelernt hatte.

Sobald er auch nur halbwegs sicher auf den Beinen war, erkundete er den gesamten Hof. Besuchte mit Begeisterung die Kälbchen im Stall, die mit ihren rauen Zungen so gern an seinen Fingern schleckten. Er legte sich zu den Katzen ins Stroh und streichelte sie und ihre Jungen. Aufmerksam beobachtete er das Melken der Kühe im Stall und genoss es mit Juchzen, wenn ihm die Milch direkt von der Euterzitze in seinen Mund gespritzt wurde. Er tollte mit dem Hofhund, der gar nicht genug von ihm kriegen konnte, machte ausschweifende Hoferkundungen und brachte seine Mutter in Aufruhr, wenn er wieder mal spurlos verschwunden war, weil er überraschend ein Versteck gefunden hatte und ohne Hilfe nicht wieder herauskam.

Der Hof war voller Gelegenheiten, zu verschwinden und sich zu verletzen. Täglich fiel der ungestüme Welterkunder und holte sich blutige Knie. Einmal gab der Schachtdeckel unter ihm nach, und er musste in Finsternis lange ausharren, bis ihn seine Eltern gefunden hatten. Aber von Schmerz und Furcht wollte er sein Drängen in die Welt nicht ausgebremst wissen. Mit zunehmender Geschicklichkeit erhöhte er seine Ziele.

Er kletterte auf den Scheunenbalken und balancierte geschickt über dem Abgrund. Er liebte jede Leiter und erklomm Heuschober, bergeweise Strohballen und mit Vorliebe den Trecker seines Vaters, der ihn im zarten Alter von drei Jahren in die Geheimnisse des Treckerfahrens einweihte. Sein Vater nahm ihn zu sich auf den Schoß und überließ Chris zarten Händen das Lenkrad. Chris‘ Atem setzte aus. Wenn er nicht lenkte, kamen sie vom Weg ab. Wenn er falsch lenkte, ging das umso schneller. Es war eine neue Form des Weg Findens. Wieder balancierte er zwischen höllischer Angst und grandiosem Triumpf.

Bis auch dies für den Rest seines Lebens eine Bestimmung für ihn werden würde. Fahren. Fahren mit schwersten Fahrzeugen aus härtestem Material und dennoch mit einer Leichtigkeit, als sei der Uterus wieder in sein Leben getreten.

Eines Tages erlebte Chris zu seinem großen Vergnügen, dass sein Vater ihn zum ersten Mal mit auf eine echte Besorgungsfahrt nahm. An den Trecker wurden zwei Wagen gehängt, und Chris fieberte darauf, in der echten Welt der Erwachsenen mit dabei zu sein. Sie waren das größte Gefährt auf der Straße. Es ging zum Güterbahnhof, und jeder Wagen wurde pickepacke vollgepackt mit Düngersäcken.

Vom Eisenbahnwaggon auf die Trecker-Anhänger. Sack für Sack. Auf die Schulter gesattelt von fleißigen Helfern und auf dem Trecker-Anhänger ordentlich verstaut, bis nichts mehr ging. Chris tänzelte zwischen den Helfern umher bis alles verstaut war und die Helfer erschöpft waren. Der Weg nach Hause auf den Hof stand noch zwischen ihnen und dem Mittagessen.

Chris registrierte auf dem Heimweg, wie die Schwere der Welt ihren Trecker-Zug mit zwei Anhängern im Griff hatte. Der Trecker-Motor kämpfte laut dröhnend mit dem Gewicht. Die Anhänger ächzten unter ihrer eingesackten Last.

Aber Chris war selig. Er spürte die Leichtigkeit des Seins, als ihm der Fahrtwind um die Nase strich.

Nach dem Mittagessen war die Aufgabe der Helfer, die vielen Säcke von den Anhängern abzuladen und im Schuppen zu verstauen. Von dort würde sein Vater mit Trecker und Düngerstreuer den Inhalt der Düngersäcke auf die angrenzenden Felder aufbringen, sobald das Wetter des Frühjahrs dies erlauben würde.

Chris brannte darauf, dabei zu sein und mit seinem Vater dafür zu sorgen, dass es auch in diesem Jahr eine gute Ernte geben würde. Weder Mensch noch Tier sollten über den Winter Hunger zu leiden haben.

Chris tänzelte wieder zwischen den Helfern umher, die fleißig Sack für Sack von den Anhängern in den Schuppen verfrachteten und dort fein säuberlich stapelten. Die gestapelten Säcke boten Chris ein neues Kletterdorado, das er ausgiebig zu nutzen wusste. Er tanzte auf den Sackstapeln. Er kletterte hinauf und hinab. Selig darüber, wieviel Macht er inzwischen über die Schwerkraft erlangt hatte.

Bis er, im zarten Alter von kaum vier Jahren, stürzte. Er stürzte nach einer kleinen Unaufmerksamkeit durch einen Fehltritt vom Trecker-Anhänger, mit dem Kopf voran. Diesmal bremste niemand seinen Sturz durch behändes rechtzeitiges Zugreifen. Das Unausweichliche traf Chris mit der vollen Härte des Lebens. Er knallte mit seinem Kopf zuerst auf den Asphalt des Hofes.

AKUTE GEFAHR

Chris sah sich aus der Vogelperspektive, wie er von den Helfern zum Haus seiner Eltern getragen wurde. In rhythmischen Abständen schrie er. Bestialisch. Er war außer sich, vom Schmerz übermannt, völlig desorientiert, vom Leben gezeichnet. Dem Tode geweiht.

Vielleicht.

Als die Helfer ihn seinen Eltern übergaben und diese ihn auf die lange Bank am Esstisch gebettet hatten, war Chris' Mutter außer sich: „Ich habe dir schon tausendmal gesagt, dass du auf den Jungen aufpassen sollst, Harry! Der Hof ist schließlich kein Spielplatz, und die Helfer sind keine Aufsicht. Wie soll ich denn hinter dem Jungen her sein, während ich mich um unser zweites Baby, unsere Tochter, kümmere?! Ich kann dir sagen, wenn Chris etwas Schlimmes zugestoßen ist, sind wir geschiedene Leute!"

„Ja, Ines."

So recht sie hatte, war es Chris' Vater nicht möglich, dagegen zu halten, auch wenn er Drohungen sonst niemals unbeantwortet ließ. Schließlich musste der Junge auf der Stelle ins Krankenhaus, in die Obhut eines fähigen Arztes. Was Chris' Vater augenblicklich in die Tat umsetzte und mit quietschenden Reifen, seinen Jungen auf der Rückbank seines Ford, den Hof verließ und dem Krankenhaus entgegen stürmte.

Chris' Vater machte sich Vorwürfe. Hatte er seinen Sohn vernachlässigt? Hatte er ihn im Stich gelassen, als dieser ihn am nötigsten brauchte? Hatte er sich zu sehr auf seine Helfer verlassen und sich zu sehr auf seine eigenen Aufgaben auf dem Hof konzentriert?

Hoffentlich ging das gut. Der Junge gab keinen Ton mehr von sich. War er ins Koma gefallen?

Hoffentlich ging das gut!

Chris‘ Vater sandte Stoßgebete an den Herrgott, auf dass der Allmächtige den Stammhalter der Familie und designierten Hofnachfolger noch nicht zu sich holen und ihn anstelle dessen gesund und munter zu seiner Familie auf den Hof wieder zurückkommen lassen möge.

Amen.

Die Notaufnahme war erreicht.

Jetzt half wirklich nur noch Beten.

Chris‘ Vater hatte noch Großes mit ihm vor. Schließlich war Chris der Spross in vierter Generation auf dem Hof. Eine neue Generation wuchs heran und sicherte die Zukunft des Hofes und die Zukunft der Versorgung der Klinik. Chris war der Stolz der gesamten Familie und durfte nicht gefährdet werden. Und war doch im Kleinkindalter tödlicher Gefahr auf dem Hof ausgesetzt gewesen. Es war seine Schuld, aber er tat doch nur seine Pflicht. Eine Pflicht, die ihn über Jahrzehnte mit dem Wirken der Vorgenerationen verband.

Noch zu Kaisers Zeiten prosperierte die Wirtschaft am Rande des Rheinlands mittels Kohle und Stahl, Textil und Chemie wie nirgends sonst auf der Welt. So realisierte das aufstrebende Unternehmertum nicht nur glorreiche Fabriken, sondern auch innovative Infrastrukturprojekte: Eisenbahn, Schwebebahn, kühne Brücken, lebenswichtige Talsperren und ausufernder Städtebau für die unablässig zuströmenden und ihr Glück suchenden Neubürger aus dem ganzen Reich, wurden unaufhörlich aus dem Boden gestampft.

Die Prosperität war derart ergiebig, dass sich selbst bahnbrechende altruistische Vorhaben in die Realität vorkämpften: Krankenhäuser, Krankenversicherung für die arbeitende Bevölkerung, Rente für die Alten und Hilfen für die Armen und noch viel mehr.

So kam es, dass um die Jahrhundertwende aus der geballten Kapitalkraft der Region in Verbindung mit vielfältigen unternehmerischen Initiativen eine Stiftung von privaten Vermögenden in Verbindung mit der evangelischen Kirche ins Leben gerufen wurde, die Bahnbrechendes realisieren sollte. Parallel zur Gründung der Psychoanalyse durch Sigmund Freud entstand weit davon entfernt eine Klinik, die sich den Nervenkranken widmete. Noch unter den übelsten Euthanasie-Machenschaften des Dritten Reiches verteidigten die Angestellten der Klinik ihre professionelle Humanität und hielten sie aufrecht.

Mit der Gründung dieser quasi von Gott selbst gesegneten Einrichtung war ein erheblicher Besitz an Land und Wald arrondiert und auf weiten Teilen mit einer Vielzahl neuer Klinikgebäude ausgestattet worden, die für die Versorgung nervenkranker Menschen gebaut wurden.

Um den Rest an Wald und Feld kümmerte sich der eigens neu mitgebaute Gutshof, der vom ersten Tag an von Chris‘ Familie geführt wurde und die wichtige Aufgabe übernahm, Patienten, Klinik- und Kirchenpersonal zu versorgen. Chris‘ Vorfahren bescherte dies erhebliches Ansehen und ordentlichen Einfluss auf die Geschicke der Klinik und die Lokalpolitik der Umgebung. Jedes Familienmitglied wurde daher schon frühzeitig mit der dazu gehörenden Verantwortung konfrontiert.

Chris‘ Vater, Hofmanager in dritter Generation, hatte, in Verbindung mit dem allgegenwärtigen Wirtschaftswachstum der Nachkriegsjahre, an den Gründungsgeist aus dem Kaiserreich angeschlossen und vollzog Bahnbrechendes.

Wegen des erheblich gewachsenen Bedarfs an Unterbringungsmöglichkeiten für nervenkranke Patienten, auch und gerade nach den Kriegswirren, musste der alte Gutshof aus dem Klinikgelände, zugunsten neuer Klinikgebäude, weichen und wurde nach neuesten agrarwissenschaftlichen Erkenntnissen mitten in Wald und Flur neu gebaut. Kurz vor Chris' Geburt nahm der Vater den Hof in Betrieb.

Der Pioniergeist von Chris' Vater speiste sich nicht nur aus seinem frisch studierten Fachwissen als Agraringenieur. Als designierter Nachfolger für seinen Vater, dem Chef des Gutshofs in zweiter Generation, wurde Chris' Vater schon früh in seiner Jugend Verantwortung zuteil, als sein Vater, Chris' Großvater, trotz fortgeschrittenen Alters, zum Kriegsdienst verpflichtet, nach Russland geschickt wurde und dort lange verschollen war.

In einer Mischung aus persönlicher Überforderung, unbändigem Stolz auf seine wichtige Rolle und maßloser Trauer über den vermissten Vater, gab er sein Bestes.

Er lernte früh Einfluss zu nehmen, wurde Mann an der Seite seiner Mutter, inhalierte die Verantwortung des Hoferben. Nach Kräften half er seiner Mutter, die Arbeit zu bewältigten und den Laden am Laufen zu halten, als es wegen Not und Elend so nötig wie nie zuvor war, am Ende des Krieges und nach dem hypnotisch erlebten Dritten Reich.

Als Chris' Großvater, schwer traumatisiert, aber körperlich unversehrt, sprichwörtlich auf eigenen Beinen die elendig lange Rückreise aus dem fernen Russland bewältigt hatte, sah Chris' Vater sich um Jahre zurückgesetzt. Bei aller Freude über die wieder vollständige Familie und trotz der Tatsache, dass beim Wiederaufbau Not am Mann war, fühlte sich Chris' Vater zum Kind zurückgesetzt, als dessen Vater seinen alten Platz wieder beanspruchte und energisch besetzte.

Die lautstarken Auseinandersetzungen zwischen den beiden Kontrahenten wurden Legende und endeten erst, als Chris‘ Vater kurzerhand auf dem neuen Hof zum alleinigen Chef wurde, seinen Vater nachhaltig zum alten Eisen ausrangierte und dieser von da an mit seiner Rente Vorlieb nehmen musste.

Chris‘ Vater wähnte sich im Besitz der Zukunft und baute den neuen Hof für sich und die nächste Generation nach allen modernen Gesichtspunkten auf. Er ersetzte Gäule durch Maschinen, viele Helfer durch wenige, Herrschaft durch Technik. Auch entledigte er sich der Lasten der Vergangenheit, indem er sie in Flammen aufgehen ließ. Zaumzeug und Geschirr, Wagen und Gerät; anders als die neue Technik bestand das meiste aus natürlichem Material und ließ sich mühelos mittels Feuer in Luft auflösen.

Derart kompromisslos der Bande der Vergangenheit entledigt, funktionierte der neue Hof mit wenig Personal erstaunlich effizient. Chris‘ Mutter ergänzte die häusliche Seite. Fortan bestand die Gutsverwaltung aus einer bürgerlichen Kleinfamilie mit wenigen Helfern und Azubis, wo früher ein ganzer Hofstaat zu befehligen war.

So sah Chris‘ Vater mit dem neuen Konzept und fleißiger Arbeit die Zukunft für sich und den Hof gesichert. Auch Chris‘ Generation sollte sein Konzept noch überdauern, dafür hatte er schließlich studiert und arbeitete hart.

Doch Chris hatte er soeben sterbensstill, wenn auch noch atmend, an den Notarzt übergeben müssen und musste tun, was ihm als Ingenieur zuwider war: Er konnte nur noch Beten.

WIEDER AUFSTEHEN

Ich sehe mich nicht mehr. Ich sehe überhaupt nichts.
Ich fühle meine Beine nicht. Nein, ich kann sie nicht bewegen.
Der Hals schnürt sich mir zu.
Ich weine.
Und ich spüre meine Tränen. Also sind meine Augen noch da.
Mein Herz wummert.
Ich habe Angst.
Wo bin ich?
Warum sehe ich nichts, warum kann ich mich nicht bewegen?
Mir verschlägt es die Sprache.
Wo bin ich? Warum kann ich mich nicht bewegen?
Ich habe Angst! Nur noch Angst!

Chris‘ Angst kam nicht von ungefähr. Als er sich wieder ein wenig gefangen hatte, spürte er, dass er seine Hände und Arme bewegen konnte. Er tastete sich zu seinen Augen vor und ertastete einen Verband. Seine Augen mussten darunter gefangen sein. Er spürte, dass der Verband feucht war an den Stellen, zu denen seine Tränen geflossen sein mussten.

Er war also noch auf der Welt!

Seine Hände tasteten weiter bis er bis ins Mark erschrak. Er fühlte ein Korsett aus Riemen und Schnallen. Sein ganzer Körper war ans Bett gefesselt. Chris, der das Toben und Klettern so sehr liebte, konnte sich nicht bewegen.

Dann hörte er Getuschel und Geraune direkt an seinem Kopf. Erst eine Stimme, dann noch eine, dann immer mehr fremde Stimmen. Die vertraute Stimme seiner Mutter war nicht dabei. Chris hatte arg zu kämpfen.

Schiere Panik drohte, ihn zu übermannen. Wäre er nicht schon häufig in furchteinflößenden Situationen gewesen, wäre er sicher verrückt geworden. So hielt er aus und lauschte.

Irgendjemand sagte: „Er ist wach."

Ein anderer sagte: „Wir müssen die Schwester holen."

Mehr und mehr verstand Chris von seiner neuen Welt. Seine Mutter und sein Vater gehörten offenbar nicht dazu. Ein Krankenhauszimmer mit sieben Betten, wie bei Schneewittchen, beherbergte ihn und sechs weitere Lausbuben.

Glücklicherweise wurde er alsbald vom Verband erlöst, und er konnte wieder sehen. Was für eine Wohltat!

Beim ersten Besuch seiner Eltern fachsimpelten diese mit dem Arzt, ob Chris wohl einen bleibenden Schaden zurückbehalten würde. Da wusste er es selbst schon längst besser: Nichts da. Mit seinem Kopf war alles paletti.

Aber er hatte viel größere Probleme: Seine Eltern fuhren wieder nach Hause, ohne ihn. Weder Vater noch Mutter, die sich sonst von niemandem etwas sagen ließen, fiel es ein, seinem dringenden Bitten nachzukommen, ihn loszuschnallen und mit nach Hause zu nehmen.

Es war wirklich zum Verrücktwerden. Verrückt vor Angst. Verrückt vor Einsamkeit. Er befand sich inmitten einer Horde Mitgefangener, die allesamt nicht angeschnallt waren, von ihrer Freiheit im Krankenhauszimmer fleißig Gebrauch machten und über Tische und Bänke tobten. Natürlich tobten sie auch über Betten und mit Vorliebe über sein Bett, in dem er angeschnallt dazu verdammt war, alles zu erdulden.

In dieser Zeit erlernte er seine nächste neue Tugend: tapfer zu sein: was schwieriger war, als laufen und sprechen zu lernen. Weil beides Spaß machte und man bei beidem Zeit hatte, Stück für Stück dazuzulernen.

Beim Tapfersein war das anders. Es war ein bisschen wie bei den ersten Schritten mit dem Gleichgewichtsgefühl. Erst wenn du die Schwelle überschreitest und deine alte Sicherheit aufgibst, kannst du balancieren und verlernst es nie wieder. So war es auch hier in diesem Krankenhauszimmer. Mit sechs Rabauken und mit Chris und seinem angeschnallten Leib.

Wenn er tat, als schliefe er, neckten sie ihn mit Kitzeln und Flüstern ins Ohr, bis er wieder bei ihnen war, um dann umso weniger von ihm abzulassen. Wenn er vor Angst weinen musste, taten sie, als trösteten sie ihn und ließen noch weniger von ihm ab. Wenn er sie um etwas bat, bekam er das Gegenteil und erntete zusätzlich ihr Gelächter.

Wenn er nicht verrückt werden wollte, musste er sich etwas einfallen lassen. Das tat seine Mutter für ihn. Brot und Spiele war ihr Mittel der Wahl. Die Süßigkeiten, die sie ihm mangels anderer Tröstungen stets in großer Menge bei ihren Besuchen mitbrachte, versprach sie jetzt auch den anderen, wenn sie sich lieb um ihren Sohn kümmerten. Das half. Und sie sorgte für Spiele, die für die Jungen interessant waren und die sie allemal besser als Langeweile fanden. So verschonten sie Chris.

Chris erlebte nicht zum ersten Mal das Schöne im Schrecklichen und erfüllte sich abermals seinen wichtigsten und frühen Schwur, nachdem er es doch nur wieder schön haben wollte.

Die anderen Jungs kamen und gingen. Je länger sein Krankenhausaufenthalt dauerte, umso mehr lernte Chris die

Macht seiner Sprache einzusetzen. Tatsächlich respektierten ihn die Neuankömmlinge auf seinem Krankenhauszimmer zunehmend von Anfang an.

Sechs Wochen hatte man ihn an das Bett gefesselt, aus Furcht, eine unachtsame Bewegung könnte den Schädelbasisbruch wieder aufreißen, den er von seinem Anhängersturz davongetragen hatte. Inzwischen wussten seine Eltern und die Ärzte, dass er keinen bleibenden Schaden an seinem hellen Köpfchen davongetragen hatte.

Als er endlich aufstehen und mit seiner Mutter nach Hause fahren durfte, war er überglücklich und doch traf ihn kurz darauf der Schlag: Er konnte nicht mehr Laufen und musste zum Auto getragen werden.

HERZLICHE FÜRSORGE

Die vergangenen sechs Wochen hatten Chris bis tief in seine Träume verändert. Wo er früher träumte, zu stürzen ohne Ziel und ohne Unterlass, plagte ihn nun immer wieder ein neuer Alptraum.

Er rannte so schnell er konnte und wusste, dass er verfolgt wurde. Irgendetwas trachtete ihm nach dem Leben.

Er rannte, rannte und rannte. Durch Feld und Flur. Mit großen Sätzen übersprang er die Weidezäune und ließ sie hinter sich.

So rannte er und rannte, als sei der Leibhaftige hinter ihm her.

Ohne Ziel. Immer weiter.

Ohne je zu erfahren von wem oder was er verfolgt wurde. Von was oder wem er getrieben war.

In der Realität zeigte sich Chris hingegen von seinem Klinikabenteuer zunehmend unbeeindruckt. Wie man Laufen lernte, hatte er schließlich schon einmal gezeigt. Nachdem seine Beine zwar kraftlos waren, ihm aber weiter gehorchten, nutzte er wieder einmal Geduld und Spucke und erlernte, wieder zu Laufen.

Dennoch war es nicht mehr sein gewohntes zu Hause, in das Chris zurückgekehrt war und das er so sehr herbeigesehnt hatte. Irgendwie war es sehr einsam zu Hause und nicht mehr so verlockend, wie es ihm in Erinnerung war.

Es war derselbe Fußboden wie früher, derselbe Esstisch, dasselbe Bett, sein Bett. Und doch sah nun alles irgendwie beliebig aus, nachdem alles vorher einmalig war, für Chris, und so von ihm geliebt wurde.

Er fühlte sich allein. Unvorstellbar allein. Im Kreis seiner geliebten Familie. Wie konnte das sein? Wie konnte alles auf einmal so langweilig sein und sich so traurig anfühlen?

Er hatte seine Freunde verloren. So sehr er sich zunächst auch vor den Rabauken auf seinem Krankenhauszimmer fürchtete, so sehr waren sie ihm ans Herz gewachsen. Die Jungs, die alle auch ihr Zuhause vermissten und wie entfesselt miteinander balgten und tobten.

Er vermisste die vielen Ereignisse, die jeden Tag proppe voll mit Erlebnissen machten: Die freundlichen Schwestern, die ihn so liebevoll trösteten, als wäre er ihr eigener Sohn.

Er vermisste sie alle und hatte Schwierigkeiten, wieder zu Hause anzukommen, obwohl er schon dort war.

Seine Eltern machten es ihm nicht leichter. Entgegen dessen, dass ihr alles überstrahlender Arbeitseifer ihn schon zweimal nahe an den Abgrund des Ablebens gebracht hatte, unternahmen sie dennoch nicht das Geringste, um sich ihm mit mehr Zeit zu widmen und dafür weniger zu arbeiten.

Der Schock von Chris‘ Unfall unter der Voraussetzung, dass sie weiterarbeiten mussten, wollten, konnten, wie bisher, brachte sie auf zweifelhafte Ideen für Chris‘ künftige Beaufsichtigung.

Chris‘ Vater ließ kurzerhand den Garten um das Haus mit einem Jägerzaun einfrieden, auf dass Chris niemals mehr ungefragt und unbeaufsichtigt den weitläufigen Hof würde unsicher machen können.

Und Chris‘ Mutter veranlasste ihren Mann mit Nachdruck, Spielgeräte so anzubringen, dass sie Chris während ihres arbeitsreichen Tages jederzeit vom Küchenfenster im Auge behalten konnte

Was seinen Eltern für den Arbeitsalltag helfen mochte, das alles half Chris nicht aus seiner Einsamkeit.

Selbst seine einstmals geliebten Mitfahrten auf dem Trecker seines Vaters, wenn dieser die Felder bestellte, waren nicht mehr so spannend wie früher. Auch die Kälber und Kätzchen ging er eher mechanisch besuchen, wenn es ihm dann doch hin und wieder erlaubt wurde.

So schaukelte er vor Mutters Küchenfenstern, nutzte die Rutsche daneben, spielte im Sandkasten und lernte vor lauter Langeweile in den Himmel zu sehen und die Wolken zu beobachten. Er nahm das Wetter wahr und bewunderte die Blumen, Gräser und Kräuter im Garten. Ihn faszinierten die Vögel im freien Flug, die laut schimpfenden diebischen Spatzen und die malerisch tschilpenden fleißigen Schwalben. Er lauschte den Kühen auf der Weide und im Stall und hörte von Ferne das Geläut der Kirchtürme.

Er verstand das Wirken der Zeit, ahnte die Weite seiner neuen, um ein Vielfaches erweiterten Welt, von der er bis auf Weiteres mittels eines Jägerzauns ausgesperrt war. Von dem er eingesperrt war.

Chris wollte es wieder schön haben. Als er gerade begonnen hatte, sich mit seinem neuen Schicksal zu arrangieren und mit der Langeweile klarzukommen, indem er sein Beobachtungsvermögen schulte und selbst den kleinsten Dingen immer mehr Details abgewann, merkte er es: Es gab noch jemanden in seinem Leben, der einsam war. DIE einsam war. Und die er bisher eher mit Missgunst wahrnahm. Eher geduldet hatte, weil sie das bisschen Aufmerksamkeit, das seine Mutter neben der Arbeit aufbringen konnte, ganz für sich beanspruchen wollte.

Seine kleine Schwester gierte danach, endlich etwas zu Erleben und fand in ihrem Bruder ihren geliebten ersten Gefährten.

Chris neckte sie herzlich, streichelte sie liebevoll und durfte dabei helfen, sie zu baden. Er half ihr auf die Beine, begleitete sie beim Laufen, Sprechen und Schwimmen lernen. Später unterstützte er sie auch beim Radfahren, Schifahren und Autofahren lernen.

Sie wurden ein unzertrennliches Geschwisterpaar, und Chris war wieder selig, auf der Welt zu sein: seiner neuen Welt im Kleinen und der übervollen Welt des Heranwachsens und Lernens seiner kleinen Schwester.

So vergingen für Chris gefühlte hundert Jahre Einsamkeit. Abgeschirmt von der Welt. In trauter Zweisamkeit mit seiner kleinen Schwester, später zu Dritt mit seinen beiden Schwestern.

Mit Schaukel, Spielsachen, Sandkasten und Puppenspiel. Mit Bilderbüchern und Legosteinen. Mit gelegentlichen Besuchen im Stall bei den Tieren. Und mit seiner neuen Lebensaufgabe, seinen Schwestern Chris‘ Welt nahe zu bringen.

Aber auch für seine Eltern hatte sich Chris etwas überlegt. Schließlich war er überhaupt nicht damit einverstanden, dass sie ihm sein Refugium gestohlen und, dass sie so streng zu ihm waren und so wenig Zeit und Aufmerksamkeit für ihn hatten.

Er beschloss, nicht mehr zu essen, um seinen Eltern eins auszuwischen. Um sie für sein Gefängnis zu bestrafen. Chris lernte, wie wirksam stiller Protest für ihn arbeitete. Während er das Essen verweigerte und alles wieder erbrach, was man ihm gegen seinen Willen eingeflößt hatte. Während sein helles Köpfchen stattlich wurde, lief darunter ein skelettschlanker Leib, der seinen Eltern zunehmend Sorge bereitete. Plötzlich spürte er, dass sie sich mehr um ihn kümmerten, auch wenn es nur ums Essen ging. Mehr und mehr erwarb er sich ihre Aufmerksamkeit und spürte eine neue Macht. Das bescherte Chris einen neuen und unerwarteten Triumph.

HÖHERE MACHT

Endlich hatte sich Chris, zunächst mühsam und dann immer bereitwilliger, mit seinem Leben im Exil seiner Eltern arrangiert Die Tage kamen und gingen: unterschiedslose Tage.

Die Jahreszeiten strukturierten das Leben. Der Frühling säte Hoffnung und öffnete die Türen nach draußen. Der Sommer war von Anstrengung und Ernte geprägt. Ab und an blieb Zeit für ausgelassene Feste.

Den Herbst liebte Chris, weil er alles zugleich in sich vereinte: milde Sonne, frostige Nächte, reiche Ernte, Träume vom letzten Sommer und Bangen vor einem harten Winter.

Und der Winter war Chris widersprüchlichste Zeit. Einerseits hatten seine Eltern endlich sogar Zeit für ihn. Außerdem beinhaltete er das heilige Weihnachtsfest, dessen Zauber Chris und seine Schwestern stets überwältigte.

Aber letztendlich hasste Chris den Winter, weil er ihm das Draußensein nahm. Bis auf wenige geniale Schneetage mit Schlittenfahren, Schneemannbauen und hitzigem Gefühl, trotz bitterer Kälte, bedeutete der Winter noch mehr Langeweile für Chris.

Lange Nasen drückten sich an kalten Fensterscheiben platt und sehnten sich nach draußen. Trübe Tage wurden mit Anhören von Märchenplatten aufgehellt. Lange Tage wurden zuweilen gar mit Fernsehen verkürzt.

Aber immer bedeutete Winter für Chris, dass es in seinem heimischen Exil verschärfte Bedingungen gab. Was war das Haus schon gegen den Garten, was der Garten gegen den Hof, was der Hof im Angesicht der Welt? Mit dem Haus musste er Vorlieb nehmen und wollte doch die Welt sein Eigen nennen.

Aus völlig unerwarteter Richtung eilte Hilfe und schockierte Chris zunächst so sehr, dass er die Gelegenheit um ein Haar verpasst hätte, die neue Freiheit beim Schopfe zu fassen. Hilfe nahte in Form der Schulpflicht, die auch Chris‘ Eltern von Gesetzes wegen für ihn auferlegt war.

Chris‘ Vater ließ es sich nicht nehmen, Chris eine ganze Woche lang persönlich zur neuen Schule zu begleiten. Das war ein weiter Weg angesichts der Lage des Hofes inmitten von Wald und Flur. Für Chris‘ Vater, als vielbeschäftigtem Chef, war klar, dass er Chris‘ Schulweg in seinem Ford absolvierte, was Chris zunächst erheblich irritierte: sein Vater fuhr in seinem Auto, während Chris den Schulweg zu Fuß gehen musste.

Bis er endlich verstand.

Seine Eltern erlaubten ihm von der Zeit an ausnahmslos, seinen Aktionskreis um satte zwei Kilometer zu erweitern und erwarteten im Gegenzug nicht mehr, als dass er täglich den Hof und die Schule verlässlich wiederfand. Die höhere Macht der Schulbehörde verhalf Chris zu neuen Möglichkeiten.

Um ein Haar hätte er den größten Fehler seines Lebens gemacht und auf Biegen und Brechen seine Eltern überzeugt, dass für ihn die Schule auf keinen Fall das Richtige sein könne, schließlich wolle er doch so gern weiter bei seinen Eltern auf dem Hof bleiben. Aber nach den ersten Tagen hatte er es begriffen: Die Schule war der Schlüssel zur Welt. Die Fahrkarte aus dem höfischen Exil.

Letzte Überzeugungskraft ging bezeichnenderweise von seinen Eltern selbst aus. Sie steckten ihn abermals ins Krankenhaus und ließen ihm kurzerhand die Mandeln unter Narkose entfernen, um seine Nahrungsverweigerung zu heilen. Chris schaudert es noch heute vor der Pilotenmaske, die ihm in wenigen Sekunden sein Bewusstsein raubte.

Beim Wiederaufwachen konnte er kaum Schlucken vor Schmerz, was seine Eltern zu einer unerwarteten Maßnahme greifen ließ: Er bekam Eis, so viel er wollte. Einfach so, ohne, dass Chris bettelte und ohne Verbote.

Seine Halsschmerzen nach der Mandel-OP genoss er danach so sehr, dass er, auch angesichts der neuen weiten Welt der Schule, beschloss, seine Welt wieder in vollen Zügen zu genießen und seinen Hungerstreik zu beenden.

Ein ungeahnt vermisstes Freiheitsgefühl nahm wieder von Chris Besitz.

Endlich!

FM

SELBSTSTÄNDIG LERNEN

Schwing dich aus allem heraus, was dich beengt!

Bettina von Arnim
1785 - 1859

TREUER FREUND

Als er begriffen hatte, dass die Schule für ihn eine ganz neue Welt bedeutete, gab es kein Halten mehr.

Lesen, Schreiben, Rechnen, Musizieren, Malen, Sport: plötzlich war die Welt voller Neuem. Auch die Lehrerin hatte Zeit für ihre Schüler, hatte Zeit für ihn.

Chris war außer sich. Wenn sie eine Frage stellte und Antworten aus der Schulklasse erhalten wollte, hielt es Chris nicht auf seinem Platz. Mit hoch erhobenem rechten Zeigefinger brannte er darauf, aufgerufen zu werden, um die Antwort zu geben.

Nicht, dass er der Einzige war. Nicht dass er allein es für ein großes Glück hielt, dazulernen zu dürfen. Aber den Meisten in der Klasse schien die Schule auf den Keks zu gehen. Sie mochten es wohl nicht, auf diese Reise mitgenommen zu werden, meldeten sich nie und drucksten, wenn die Lehrerin sie dennoch an die Reihe nahm. So manche hassten Hausaufgaben und kamen morgens nicht selten ohne in die Schule.

Für Chris verhielt sich das ganz anders. Lernen fiel ihm leicht. Sehr leicht. Schularbeiten waren für ihn leicht und schnell erledigt.

Die Lehrer waren streng, aber nicht böse. Sie nahmen sich alle Zeit und hatten eine Engelsgeduld mit jedem Schüler, auch den schwachen. Schülerinnen lernten dagegen üblicherweise brav.

Mit zwei Kontrahenten lieferte sich Chris seinen privaten Wettbewerb um die meiste Beteiligung im Unterricht und um die besten Noten. Wolli war den entscheidenden Schritt fleißiger und schaffte damit öfter den ersten Platz. Lyn himmelte Chris an und machte es wie er: alles geben, was man kann, aber sich den freien Nachmittag nicht unnötig durch

Schulaufgaben vermiesen lassen. So blieb genügend Zeit für das richtige Leben. Und der Spielplatz Schule bekam den prägenden Platz in Chris‘ Leben, der ihm gebührte.

Auch sein Leben Zuhause bekam für Chris aus der Schule eine große Bereicherung: Jo. Jo gehörte nicht zu den hellsten Schülern, aber er war ein netter Typ. Chris teilte seinen halben Schulweg mit ihm. Nach wenigen Tagen wartete er jeden Morgen vor dem Lebensmittelgeschäft seiner Eltern und schlenderte mit Chris den restlichen Weg zur Schule.

Zum ersten Mal im Leben hatte Chris einen gleichaltrigen Menschen zum Quatschen. Sie konnten sich gegenseitig alles erzählen, was gerade in ihren Familien passierte, was sie an den freien Sonntagen erlebt hatten, was sie an ihren Schwestern nervte, wieviel PS der neue Mercedes hatte und wann sie sich zum nächsten Mal treffen würden.

Sie wurden Freunde. Freunde, die gefühlt jeden Nachmittag nach der Schule miteinander verbrachten und noch mehr: Freunde, denen die Spiele nicht ausgingen.

Mit Vorliebe kam Jo zu Chris nach Hause auf den Hof. Er liebte die große Freiheit, die Weite des Hofes, die Unbeschränktheit der Umgebung von Feld und Wald. Jo hatte auch Spaß am Treckerfahren als Beifahrer, wenn Chris‘ Vater die Felder bestellte.

Selbst der Winter war eine tolle Zeit, die Chris gern bei Jo Zuhause verbrachte, denn er hatte eine elektrische Eisenbahn. Ohne Unterlass bauten sie die Bahn auf, ließen sie fahren, bauten sie um, wieder ab und neu auf. Was für eine Freude!

Zu Weihnachten stellte Jo‘s Vater eine Mini-Eisenbahn in das Schaufenster seines Ladengeschäfts, die ihre Runden ohne Unterlass drehte. Alle Kinder drückten sich an der

Schaufensterscheibe ihre Nasen platt, sahen die Lokomotive unaufhörlich ihre Runden drehen und die Wagons ziehen, schnupperten Lebkuchen und Weihrauch und begehrten die Süßigkeiten und Schokoladenkalender, die der Laden von Jos Eltern feilbot.

So wurde die Grundschulzeit eine hauptsächlich unbeschwerte Zeit für Chris. Er spielte und tobte mit Jo. Ihre Ausflüge in den nahegelegenen Busch wurden legendär. Sie fühlten sich wie Tarzan, erkletterten Bäume, bauten Buden, rannten wie entfesselt und waren selig, wenn sie müde und hungrig wieder nach Hause kamen.

Auch Chris' Eltern schienen verändert. Die Welt ihrer Verbote wurde aufgeweicht, zuerst unmerklich und dann immer mehr spürbar. Und als sich herausstellte, dass nichts Schlimmes mehr passierte, blieb es so. Verbote wurden durch ein paar harte Regeln ersetzt, an die er sich leicht und schnell gewöhnte: Pünktlich zum Essen zu Hause sein. Nicht auf die Straße gehen. Vor der Dunkelheit zurück nach Hause kommen.

So durfte Chris eine viel größer gewordene neue Welt sein Eigen nennen. Der Hof stand ihm wieder offen. Und nicht nur das. Felder und Weiden, Wiese und Wald wurden sein großer Abenteuerspielplatz.

Chris war so fasziniert von der Freundschaft zu Jo, dass er ihm mehr ans Herz wuchs als seine Familienmitglieder. Er war ein Freund, mit dem er tausende Erlebnisse teilte, mit dem er sprechen, spielen und lachen konnte. Mit ihm gab es keine Langeweile mehr und selten Streit. Es war einfach eine geniale Zeit. Chris hatte es wieder schön.

Die Grundschuljahre gingen ins Land. Das Lernen sollte einen nachhaltigen Eindruck auf Chris hinterlassen, den er nie mehr vergaß und womit er nie mehr aufhören sollte.

Eines Tages, noch in der ersten Klasse, stellte die Lehrerin am Nikolaustag die verhängnisvolle Frage, wer denn noch an den Nikolaus glaube. Chris hielt es nicht in seiner Schulbank. Er schnippte eifrig mit den Fingern, wie die Hälfte seiner Mitschüler.

Was war nur mit der anderen Hälfte los? Was wussten die denn überhaupt, wenn sie nicht mal an den Nikolas glaubten?!

Chris war sich seines Glaubens absolut sicher und glaubte, nicht recht zu hören, was seine Lehrerin sagte:

„Der Nikolaus ist ein verkleideter Mensch, der euch die Rute und die Gaben bringt, wahrscheinlich ist er einer eurer Verwandten. Der echte Nikolaus ist schon lange tot, und wir begehen den Nikolaustag, weil es wirklich einmal einen Menschen mit dem Namen Nikolaus gab. An den erinnern wir uns am Nikolaustag, weil er Menschen in Not geholfen hat. Wir verehren ihn, weil wir glauben, dass es der Welt besser ginge, wenn alle Menschen weniger an sich selbst denken und stattdessen anderen mehr helfen würden."

Das hatte gesessen. Was um alles in der Welt sollte er noch glauben, wenn das, was er zutiefst geglaubt hatte, ein Irrtum war?

Chris hatte seinen frühen sokratischen Moment.

Und Chris lernte schnell. Konnte er der Lehrerin glauben? Hatten seine Eltern nicht doch Recht? Gut, sie waren keine Lehrer. Das hielt sie aber nie davon ab, stets zu behaupten, sie wüssten es am besten.

Chris ging der Sache selbst auf den Grund und musterte den diesjährigen Nikolaus so argwöhnisch er konnte und sich traute. Und siehe da! Waren es nicht dieselben Stiefel, die sein Vater täglich im Stall trug? Und der Mantel: war es nicht der, den sein Vater im tiefsten Winter bei der Waldarbeit trug und die meiste Zeit im Keller hing? Und warum war der Nikolausmantel in seiner Familie eigentlich grün?!

Aber der lange weiße Bart und die furchteinflößende tiefe, raue Stimme. Die konnte doch nicht, konnte doch nicht; konnte sie? Konnte sie von seinem Vater stammen?! Sie konnte!

Chris war seinen Eltern auf die Schliche gekommen. Und wie er ihnen auf die Schliche gekommen war. Belogen hatten sie ihn. Wenn sie ihn mit dem Nikolaus belogen hatten, wann hatten sie ihm überhaupt die Wahrheit gesagt? Auf welchen Lügen stand sein bisheriges Leben noch?

Chris beschloss, nichts mehr zu glauben, was er nicht selbst geprüft hatte und fand eine neue Lebensbeschäftigung: Er wurde Forscher, fahndete nach weiteren Irrtümern in seinem Leben und entwickelte ein untrügliches Gespür dafür, wenn etwas faul war. Zunehmend erkannte er, wenn andere ihn und sich selbst belogen, ihm oder sich selbst etwas vormachten.

Nach dem ersten Schock bekam Chris wieder eine neue Welt geschenkt. Die Welt der Wahrheit und des Wissens. Er war begierig darauf, weiter zu lernen.

Chris lernte das große und kleine Einmaleins, war schnell im Kopfrechnen, konnte am besten vorlesen und Nacherzählungen schreiben. Er entwickelte ein gutes und verlässliches Gedächtnis, das es ihm leicht machte, zu behalten, was er erlernt hatte, seine Schulaufgaben schnell zu erledigen und darüber hinaus ermöglichte, zu wachsen. Er lernte, selbst Fragen zu stellen, nachzuschauen, zu tüfteln und zu erfinden.

Er baute Brücken und Gebäude aus Sand, konstruierte Maschinen aus Legosteinen, ersann und performte Geschichten. In Jo hatte er einen Gefährten, an dem er jede Erkenntnis, jeden Gedanken und jede Fantasie ausprobieren konnte. Alles teilte und diskutierte er mit ihm. Und Jo half ihm, zu erkennen, wenn er sich selbst im Irrtum befand und ungewollt Lügen auftischte.

So gingen die Jahre ins Land. Wunderbare Jahre mit Spielen, Lernen, Diskutieren und echter Freundschaft, beeinflusst von den Jahreszeiten, die weiterhin die Arbeitswelt der Erwachsenen bestimmten: Das Säen, Pflegen, Hüten, Melken, Ernten, Befruchten, Aufziehen, Schlachten und das Abwarten, Hoffen und Beten, dass der Winter bald vorbei sein möge.

Eine menschheitsalte Kultur. Reich an Arbeit. Groß an Vielfalt. Weit im Draußen. Mitten im Wetter des Tages. Im Verlaufe des Jahres.

Die Grundschulzeit ging zu Ende, und Chris‘ Eltern schulten ihren gelehrigen Sohn auf dem besten Gymnasium in der nahen Großstadt ein.

Jo kam nicht mit, da er die Aufnahmeprüfung nicht bestanden hatte. Die Freunde waren untröstlich. Die Arbeitswut der Leistungsgesellschaft siebte ein weiteres Mal Chris‘ Leben durch.

LANGE REISE

Jedes Jahr aufs Neue ging Chris‘ Familie auf große Reise. Alle fieberten darauf hin, jeder aus einem anderen Grund. Chris‘ Mutter, weil sie endlich wieder ihre Familie, ihre Mutter, ihren Vater und ihren Bruder nebst Schwägerin, Neffen und Nichte in die Arme schließen durfte. Chris‘ Vater hingegen fürchtete, dass es wieder Zoff mit seinem Schwiegervater geben würde. Die Kinder freuten sich, weil sie von ihrer Großmutter so herzlich und zuvorkommend beschenkt wurden, wie nirgendwo sonst. Chris freute sich zusätzlich, weil er die Nachtreise im Schlafwagenabteil regelmäßig durchwachte und mit größter Faszination den vorbeieilenden Lichtern, an den Vorhängen vorbei, nachschaute.

Der Interzonenzug benötigte die ganze Nacht, um die lange Strecke aus dem Rheinland nach Sachsen zu bewältigen. Äußerste Anspannung erzeugte immer die Passage durch die Grenzkontrollen bei der Fahrt in die sogenannte Deutsche Demokratische Republik. Den gesamten Rest des Jahres sah Chris seine Eltern nicht so angespannt und voller Angst und Bange; und das, obwohl sie auch sonst nie gechillt waren. Aber bei diesen uniformierten Grenzern gefroren ihnen ihre Herzen. Es wurde so still, dass man eine Stecknadel fallen hören konnte. Ruhestörung seitens ihrer Kinder wurde mit sofortigem Verweis oder Ohrfeigen geahndet.

Man hörte Polizisten, die über die Waggondächer Streife gingen. Hörte von draußen Beamtenbefehle und Hundegebell und es wurde nochmal stiller, wenn die Beamtinnen, die besonders streng dreinschauten, Fahrkarten, Pässe und Reisegepäck kontrollierten.

Die DDR hatte außer direktem persönlichen Bedarf an Kleidung, Hygiene und Wegzehrung vorsorglich das

Allermeiste mitzubringen verboten, so dass die Begegnungen mit den Grenzern praktisch immer Verhandlungsbedarfe erzeugten, an deren Ende Strafzahlungen, Verweigerungen der Weiterfahrt oder gar Haft drohten. Das schmeckte vor allem Chris‘ Vater gar nicht, der sich sonst damit brüstete, sich von niemandem etwas sagen zu lassen. Für Chris‘ Familie war es eine seltsame Erfahrung, dass selbst der Vater bereit war, sich demütigen zu lassen, um nur ja seine Familie und deren Reise zur Schwiegerfamilie nicht zu gefährden.

Das Größte war stets die Ankunft im sächsischen Hauptbahnhof, der Chris aufgrund seiner überwältigenden Größe jedes Mal wieder schwer beeindruckte. Natürlich auch wegen der echten Dampflokomotiven, die dort immer noch im Regelbetrieb verkehrten, während sie im Westen schon von den Gleisen verschwunden waren. Der Abschuss war jedes Mal, dass sein Opa einen echten Reisebus exklusiv für die Familie aus dem Westen organisierte, um sie vom Hauptbahnhof in die sächsische Kleinstadt heimzuholen, wo er sich nach der Flucht mit seiner Familie niedergelassen hatte.

Seine Tochter, Chris‘ Mutter, zog es dennoch vor, ihr Glück im Westen zu suchen, weswegen er sie und ihre Familie nur einmal im Jahr treffen konnte. Sonst gab es nur Briefe als Austausch im Verlauf des Jahres, weil Telefonieren technisch selten gelang und zudem sehr teuer war.

Chris und seine Schwestern waren stets glücklich bei ihren Großeltern, wo auch die Familie ihres Onkels mit ihren vier Kindern lebte. Es hatte jedes Mal etwas von Abenteuerurlaub, wenn Chris‘ Familie die zwei Wochen im Spätherbst in Sachsen verbrachte, mangels anderer Gelegenheiten, als Landwirtsfamilie damals Urlaub zu machen.

Chris‘ Großvater in der DDR hatte sich mit seiner Familie nach der Flucht aus dem Sudetenland, wo sie alles verloren hatten, wieder eine neue Existenz aufgebaut. Diese bestand aus einem großen Haus, in dem für ihn und Großmutter sowie für die Familie seines Sohnes genug Platz war, einschließlich Besuch aus dem Westen. Auch ein kleiner Hof gehörte dazu, auf dem eine große Garage stand, die zwei Lastwagen mit Anhängern fasste, nebst Reparaturwerkstatt.

Chris war jedes Mal selig, wenn er von seinem Onkel mit auf Tour genommen wurde. Es war noch besser als Treckerfahren, in aller früh zum Kieswerk unterwegs zu sein, Ladung aufzunehmen und bis zum Abladeplatz über große, kleine, gut und schlecht ausgebaute Straßen zu brettern, was es Chris bisweilen schwer machte, sich auf der glatten Sitzbank zu halten.

Chris‘ Großvater und Onkel waren so erfolgreich mit ihrem Geschäft, dass sie für ihre Lastwagen immer bestens mit Ersatzteilen versorgt waren, was in der chronischen Mangelwirtschaft des Sozialismus als echte Kunst galt. Was sie zur Attraktion auch für die staatlichen Fuhrbetriebe machte, in einer Zeit, in der es privat geführte Betriebe offiziell nicht mehr geben durfte.

Das Beste brachte aber immer Chris‘ Großmutter. Sie war eine Seele von Mensch, die für ihre Lieben stets mehrfach täglich mit den äußersten Leckereien aufwartete und fleißig köstlich auftischte. Schnitzel von selbst gemästeten Schweinen, für die täglich eine große Portion Kartoffeln gekocht wurde, mit denen sie gefüttert wurden. Auch gab es gebratene Tauben, Hühnchen, Kaninchen: alles aus dem eigenen Stall, dessen Tiere zu versorgen Chris nicht müde wurde.

Täglich machte er den Rundgang zwei Mal mit seiner Großmutter.

Es gab aber noch andere Abenteuer. Auch wenn Chris' Großeltern Haus und Hof ihr Eigen nannten und alles nach bestem Wissen und Gewissen in Schuss hielten, war Chris an Zentralheizung, fließendes Heißwasser, WC, Waschmaschine, Spülmaschine und sonstige elektrische Helfer in Haus und Hof gewöhnt. Dennoch oder gerade deshalb liebte er es, den eingeschränkten Luxus zu erleben, der damals im Osten Deutschlands noch Standard war.

Wenn Großmutter ihre Gelage für die Familie auf einer einzigen Anrichte und einem kleinen dreiflammigen Gasherd bereitet hatte, brauchte es drei Frauen, um den Abwasch zu bewältigen. Die Männer hielten sich dann mit Rauchen, Trinken und Fachsimpeln zurück.

Auch der wöchentliche Badetag war stets abenteuerlich. Es gab zwar ein Badezimmer, es wurde aber nie beheizt. So musste der gesamte Körper unter der Wasseroberfläche bleiben, wenn man sich nicht vor Zittern auf die Zunge beißen wollte. Gigantisch war nach dem Abtrocknen der Platz im riesigen Ohrensessel, in dem drei Kinder nebeneinander Platz fanden, direkt neben dem ordentlich eingeheizten Kachelofen, der einem sofort das Zittern vor Kälte austrieb und mit hitzigem Kopf ein äußerstes Wohlergehen bereitete. Vollendet wurde das Ganze, wenn dazu im Ostfernsehen das Sandmännchen lief.

Chris liebte es, bei seinen Verwandten in Ostdeutschland zu sein. Irgendwie war dort alles anders. Wenn Chris' Familie dort war, hatten alle Zeit. Und alles war lustig und gemütlich, wenn die ganze Familie am Tisch saß und die Köpfe zusammensteckte.

Und immer wäre Chris vor Trauer beinahe vergangen, wenn es wieder hieß, abzureisen und nach Hause zu fahren. Wenn da nicht die Reise mit dem Zug vor ihnen gelegen hätte, auf die sich Chris freute. Jedenfalls war er bei der Begrüßung am heimischen Bahnhof stets mürrisch und wünschte sich, dass es schon wieder nächstes Jahr wäre, damit er wieder losfahren konnte.

So kam es, dass Chris sein erstes Hobby in frühen Jahren für sich entdeckte, dem er sich in Zukunft intensiv widmen sollte: Er reiste für sein Leben gern.

Nach der Ankunft zu Hause fragte ihn seine Großmutter aus dem Westen einmal, warum er nicht froh und glücklich sei, wieder zu Hause zu sein und nicht mehr in dem bösen Polizeistaat da drüben.

Wo sollte er anfangen, ihr das zu erklären?

Wer hatte denn die meisten liebevollen Worte für ihn? Sein Großvater im Osten. Wer schenkte ihm als Einzige wirklich coole Spielzeuge? Seine Großmutter im Osten. Wo war es lustig, gemütlich und lebendig? Bei seinen Großeltern im Osten.

Und wo wurden die Menschen selbst in der eigenen Familie untereinander schnell böse? Im Westen.

Dass Zuneigung und Würde kulturelle Werte und keine systemischen Kategorien sind, wusste Chris damals noch nicht und unterließ es konsequent, seiner Großmutter im Westen zu erklären, warum er seine Großeltern im Osten vermisste.

LEBENDIGE VIELFALT

Chris‘ Großvater im Westen war ein spät berufener Autofahrer. Als Gutsherr hatte er perfekt mit Pferdegespannen umgehen können. Die Tiere gehorchten seinem unbändigen Willen und folgten seinem Befehl, in Verbindung mit der Strenge seiner Zügel, aufs Wort. Auch gegen die Fahrtrichtung erledigten sie in treuer Pflichterfüllung ihre Aufgabe und steuerten den schweren Erntewagen bei Bedarf rückwärts ums Eck ins Scheunentor.

Als Gutsherr und Wagenlenker genoss Chris‘ Großvater so den größten Respekt bei Mensch und Tier. Als spät berufener Autofahrer aber erzeugte er so manch unfreiwillige Belustigung. Der Macht seiner Worte beraubt und auf das bloße Funktionieren seiner eigenen Hände und Füße zurückgeworfen, verletzte er immer wieder die Regeln der Anwendungstechnik und auch des Verkehrsrechts. Schaltfehler quittierte das Autogetriebe mit heftigem Schreien, Regelverletzungen die weiteren Verkehrsteilnehmer durch ungnädiges Hupen.

Chris liebte es jedenfalls, mit seinem Großvater im Auto unterwegs zu sein. Er besuchte nahezu täglich die Bauernhöfe in der Umgebung, und Chris war gern dabei, wenn er nicht zur Schule musste.

Chris‘ Großeltern wohnten im Obergeschoss eines Gutshauses, das Chris‘ Großvater während seiner aktiven Zeit mitsamt des dazu gehörenden Hofes zur Erweiterung des Gutshofes für die Klinik erwarb. Chris war gern dort.

Seine Großmutter versorgte ihn mit allem Notwendigen und zusätzlich mit Güte und interessanten Geschichten aus der Vergangenheit. Chris erfreute seine Großmutter im Gegenzug mit seinen Lausbubengeschichten und als Spielpartner an ihrem geliebten Halma-Brett.

Chris‘ Großmutter stammte von einem der Höfe, die er mit seinem Großvater besuchte. Sie entkam der harten Arbeit des kleinen Hofes ihrer Eltern und wurde Gutsherrin für einen ganzen Hofstaat an Beschäftigten auf dem Gutshof der Klinik, an der Seite von Chris‘ Großvater. Sie hatte es geschafft. Sie gehörte seitdem zu den sogenannten besseren Leuten und trug ihre Rolle mit Stolz.

Jeden Morgen nach dem Frühstück brach Chris‘ Großvater auf, um einen der zahlreichen Bauernhöfe zu besuchen, für die er als Ortsbauernpräsident noch immer zuständig war. Er nahm diese Aufgabe ernst. Zu wichtig war ihm der Berufsstand für die Zukunft der Gesellschaft, immerhin hing die Volksernährung von ihm ab.

Chris genoss es, auf diese Art die ganze Gegend kennen zu lernen. Über Berg und Tal bis in weit entlegene Gebiete führten ihre Wege. Unzählige Menschen lernte Chris auf diese Weise kennen. Fleißige, skurrile und verrückte Menschen.

Da gab es die drei Bauersschwestern, deren gesamtes Haus von unten bis oben zugemüllt war und die einen kleinen Kuhstall betrieben, von deren Ertrag sie anscheinend leben konnten. Es hieß, sie gingen abends mit Gummistiefeln zu Bett. Chris‘ Großvater stapfte nur widerwillig und mit Missmut durch den schmalen Pfad der Wohnung durch Unrat, um seine Pflicht zu tun und die drei Bäuerinnen zu besuchen.

Das Gegenteil erlebte Chris auf dem Hof weitläufiger Verwandter, die ihren sogenannten Europahof, in gigantischem Ausmaß, auf dem neuesten Stand neu aufgebaut hatten und führend in der Maschinentechnik waren. Chris liebte den Besuch auf diesem Hof. Die Traktoren und Maschinen waren gigantisch. Die Kühe wurden auf einem Karussell gemolken und hatten in ihrem Laufstall zwischen den Melkzeiten ihre

Freiheit. Aufgrund ihrer schieren Anzahl trugen sie Ohrmarken mit Nummern drauf. Bei den drei Bäuerinnen hingegen standen die Tiere angekettet in ihrem eigenen Mist, wurden dafür aber mit Namen angesprochen.

Eine große Zahl von ganz normalen Bauernhöfen besuchte Chris mit seinem Großvater. Höfe, auf denen die Kühe noch mit Hand gemolken und die Felder mit Pferd und Ochsen bestellt wurden, waren schon selten geworden und starben letztlich aus. Die Höfe, die mit der Zeit gingen, hatten auf Trecker und Melkmaschine umgestellt. Chris erlebte eine Roadshow der Branche, die sein Großvater, kraft seines Amtes, zusammenzuhalten suchte.

Aber es würde ihnen nichts helfen. Auch der Traum vom eigenen Hof und Land wurde vom Wirtschaftswunder der Nachkriegszeit abgeräumt. Landwirtschaft als Erwerbstätigkeit lohnte sich für kleinere Höfe bald schon nicht mehr.

HOHE SCHULE

„Chris! Du besuchst jetzt das Gymnasium. Es ist die beste Schule weit und breit und du hast das Zeug dazu, dein Abitur zu machen. Du bist intelligent und lernst schnell. Vergiss nie, dass du für dich selbst lernst, nicht für deine Eltern und auch nicht für die Lehrer. Es geht nur um dich und um deine eigene Zukunft. Deswegen bist du ab sofort ganz allein verantwortlich für deine Hausaufgaben. Deine Mutter und dein Vater sind ab sofort nicht mehr hinter dir her. Niemand kontrolliert mehr, ob du deine Hausaufgaben gemacht hast. Und niemanden kannst du dafür verantwortlich machen, wenn du die Schule nicht schaffst. Du selbst hast es in deiner Hand, und deine Leistungen werden dir zeigen, ob du auf dem richtigen Weg bist", sprach Chris' Vater, als er auf das Gymnasium in der nahen Großstadt wechselte.

Mit seiner neuen Schule waren erhebliche neue Freiheiten verbunden. Er konnte mit dem städtischen Bus fahren, und sein Fußweg wurde deutlich kürzer. Er war nun selbst Herr seiner Hausaufgaben.

Und er fand neue Freunde in seiner neuen Schulklasse, die mit ihm den Schulweg mit dem Bus absolvierten und die Busfahrt nutzten, um noch schnell die Schulaufgaben fertig zu stellen und sich dabei gegenseitig zu helfen. Auch nutzten sie die Busfahrt, um ihre Fähigkeiten beim Skatspiel zu testen und aneinander zu verbessern.

Chris war bei seinen Lehrern beliebt. Obwohl er stets ein guter Schüler war, widerstrebte ihm ein Platz in der ersten Reihe, wo die Streber saßen. Er suchte sich stets einen Platz in der letzten Reihe und beteiligte sich fleißig am Unterricht. Was die anderen Hinterbänkler irritierte, weil auch sie dadurch ungewünschte Aufmerksamkeit erhielten. Die

Streber in der ersten Reihe nervte es auch, weil sie sich immer umdrehen mussten, um dem Stoff und den Diskussionen zu folgen. Den Lehrern gefiel es umso mehr. Sie schätzten die dadurch entstandene Beteiligung der ganzen Klasse, an der Chris erheblichen Anteil hatte.

So gingen wieder Jahre ins Land. Auch solche Themen, an denen sich ganze Schülergenerationen die Zähne ausgebissen hatten, gingen Chris leicht von der Hand. Immer wieder hörte er die Ermahnungen der Lehrer, die Schüler mögen fleißig sein. Auch wenn sie es sich derzeit noch leisten könnten, mit wenig Anstrengung gute Leistungen zu erzielen, so werde sich das spätestens in der Oberstufe ändern. Irgendwann schlage für jeden der Ernst des Lebens zu und dann werden sie es bereuen, nicht fleißig genug gewesen zu sein, ihr Abitur nicht zu bestehen und einer Arbeit als ungelernte Kraft für wenig Geld nachgehen zu müssen. Dann spätestens würden sie es bereuen, sich nicht viel mehr angestrengt zu haben.

Für Chris hatte das keine Relevanz. Alles Neue nahm er seit seinem ersten Schultag schon allzu gern und leicht auf. Dank seines guten Gedächtnisses behielt er das Meiste aus dem Unterricht und hatte es abrufbar abgespeichert. Den Rest erledigten seine Träume und verarbeiteten den Stoff im Schlaf, und für die Schulaufgaben gab es notfalls noch den Schulweg im Bus.

So inhalierte Chris Infinitesimalrechnung, das Bohrsche Atommodell und die doppelt gewendelte Helix der Desoxyribonukleinsäure, kurz DNS. Die naturwissenschaftlichen Fächer absolvierte er mit Leichtigkeit und ohne je in die Nähe des Lebens Ernst zu kommen.

Die Sprachfächer Englisch, Französisch und Deutsch lagen ihm weniger. Mit etwas mehr Fleiß kam er aber auch hier gut bis befriedigend über die Runden. In den von seinen Mitschülern wenig geliebten, sogenannten Laberfächern, Geschichte, Politik und Philosophie, kam ihm seine eifrige Beteiligung am Unterricht als Hinterbänkler zu Gute. Sport, Kunst und Musik waren willkommene Ablenkung, aber keine schwierigen Aufgaben.

So jagten die neuen Themen die Jahre, welche jahrhundertealten Traditionen durch Sexta, Quinta, Quarta sowie je zweimal Tertia, Sekunda und Prima folgten, um dann mit dem Abitur zu enden.

Das Gymnasium, zunächst noch mit Samstagsbetrieb, verlangte Chris nur vier bis sechs Schulstunden täglich ab, was ihn trotz Busfahrt spätestens am frühen Nachmittag zurück auf den Hof seiner Eltern brachte. Weil er zudem wenig Mühe und Zeit für seine Schulaufgaben brauchte, widmete er sich als Heranwachsender zunehmend der Arbeitswelt auf dem Hof. Das brachte ihm in seinem Elternhaus und bei den Beschäftigten erhebliche Anerkennung ein, was ihn zusätzlich motivierte.

In zwei parallelen Welten aus Theorie im Gymnasium und Praxis auf dem Hof entspann sich kontinuierlich Chris‘ Lern- und Erfahrungsraum, der ihn schon als Heranwachsenden mit dem Zusammenhang von gesellschaftlicher Kulturentwicklung und der Arbeitswelt der Erwachsenen vertraut machen sollte.

VIEL ARBEIT

Chris lernte mit elf Jahren bereits Treckerfahren, bezeichnenderweise nicht auf dem Hof seines Vaters, der seinen Jungen möglichst lange schützen wollte, sondern auf dem Hof eines Onkels, auf dem er regelmäßig seine Schulferien verbrachte.

Das wollte Chris‘ Vater nicht auf sich sitzen lassen. Also nahm er seinen Sohn nun endlich auch in der Arbeitswelt mit unter seine Fittiche und ließ Chris immer mal wieder Aufgaben des Hofes erledigen.

Er schickte ihn mit zu den Monteuren in die Werkstatt, als einer der Trecker für einen Kupplungswechsel in zwei Hälften auseinandergebaut werden musste. Im Frühjahr ließ er ihn die Weiden mit einer Schleppe hinter dem Trecker abschleppen, um die Maulwurfshügel zu begradigen. Er band ihn in die täglichen Routinen des Hofes ein, wie Getreide schroten, Futter mit dem Kran aus den Silos und dem Heuschober bergen. Hin und wieder verteilte er auch die täglichen Futtergaben an die Tiere.

Später fuhr er auch Mist und Gülle mit Trecker und Wagen aus, mähte Weiden nach der Abweidung durch die Tiere mit Trecker und Mähwerk aus.

Chris reparierte Weidezäune, setzte sie neu und friedete die tägliche Portionsweide im Sommerhalbjahr per Elektrozaun für die Kühe ein. Er half beim Äcker eggen, später auch beim Pflügen und Säen.

Bis Chris seinen Führerschein mit sechzehn Jahren hatte und alle Straßen mit dem Trecker selbst befahren durfte, brachte ihn sein Vater auf den abgelegenen Weiden und Äckern ‚an Gang‘, wie er es nannte, also an die Arbeit, bis

Chris mutmaßlich mit der Feldarbeit fertig war und seine Eltern ihn dann wieder vom Feld zum Hof zurückholten.

Da ein großer Teil der Flächen arrondiert um den Hof lag, konnte Chris frühzeitig nach Herzenslust mitarbeiten, was sein Vater mit Blick auf den Schulerfolg anfangs nur zögerlich förderte. Als aber für ihn sichtbar wurde, dass Chris von ganzem Herzen bei der Sache war und auch schulisch keine Leistungseinbußen zu beklagen waren, gab es keine Vorbehalte mehr.

Chris' Vater professionalisierte die Zusammenarbeit so sehr, dass er sich schon vor seinem ersten Führerschein das Geld für ein eigenes Moped verdienen konnte und noch an seinem sechzehnten Geburtstag die große Freiheit draußen auf den Straßen der Welt damit erkundete.

So kam es, dass Chris bereits in jungen Jahren ohne formellen Ausbildungsvertrag in allen praktischen Tätigkeiten der Landwirtschaft fertig ausgebildet war und auch von theoretischen Themen das Meiste verstand.

Er beriet seinen Vater nach eifrigem Studium von Zeitschriften und Prospekten bei der Neuanschaffung von Maschinen und Geräten, wusste alles über Maschinenbedienung und Reparaturen.

Auch verstand er es, die richtige Einstellung von Reifendruck, Pflugscharen und Mähmessern zu finden. Er konnte das Wetter einschätzen, um die richtige Erntezeit zu bestimmen und bestimmte den Trocknungsgrad des Getreides, um die richtige Reife vor der Ernte abzuwarten. Chris berechnete auch die Düngermengen, Futterzusammensetzungen und Saatgutverteilung.

Mit Vorliebe aber reparierte er jeden technischen Defekt zunehmend selbst und liebte es, an Neu- und Umbauten mitzuwirken oder diese später selbst umzusetzen. So kam es, dass Chris schon in seiner Adoleszenzzeit und seitdem regelmäßig die Azubis des Hofes mit anlernte. Dabei machte Chris eine wegweisende Entdeckung. Die Jungs, die zu seinem Vater in die Lehre kamen, waren samt und sonders helle Köpfe und nette Typen. Aber sie hatten alle die Neigung, seltsame Fehler zu machen. Je schüchterner sie waren, umso größer und dümmer waren die Fehler.

Seines Vaters Art, die Jungs vom ersten Tag an ohne Schonung zu fordern und ihnen sofort Leistung abzuverlangen, machte ihn zu einem der angesehensten und erfolgreichsten Lehrherren der Region.

Es machte ihn aber auch zu einem Angstgegner, dem die Jungs in ihrer Ausbildungszeit hilflos ausgeliefert waren. Sie waren von ihm beeindruckt und eingeschüchtert zugleich, was sie zusätzliche Fehler am laufenden Band verzapfen ließ und ihnen dann umso mehr Strenge ihres Lehrherrn einbrachte.

Insofern hatte Chris leichtes Spiel. Immer wenn bei einem der Jungs etwas aus dem Ruder lief, nahm er ihn flugs beiseite, erklärte die wichtigsten Zusammenhänge und half bei der Bedienung von und Gewöhnung an schwere Geräte.

Gerade in Sachen Treckerfahren wirkte eine angstfreie Anleitung Wunder. Wie konnte es sein, dass gerade in den praktischen Berufen so viel mit Angst und Einschüchterung gelehrt wurde? Und was wäre wohl möglich gewesen, wenn den jungen Leuten in ihrer Ausbildung mehr Hilfe bei der Selbstüberwindung geschenkt worden wäre?

So wurde Chris ohne Ausbildungsvertrag, Gesellenprüfung und ohne fachlichen Abschluss, als geborener Hoferbe, zur besten Nachwuchskraft im landwirtschaftlichen Betrieb seiner Eltern und schickte sich an, die Nachfolge seines Vaters anzutreten, sobald er das Abi in der Tasche und sein Studium absolviert hätte. Er war inzwischen fester Bestandteil im Wesen des Hofes seiner Eltern geworden, so dass daran nicht der geringste Zweifel bestand. Am wenigsten für Chris selbst.

Bis es eines Tages für Chris ganz anders kam, als er sich wünschte und vorstellen konnte, als er zu glauben bereit war. Der Hof seiner Eltern, den Chris‘ Vorfahren seit Jahrzehnten über drei Generationen bewirtschafteten, wurde geschlossen. Einfach so, ohne dass Chris‘ Zukunftspläne auch nur die geringste Rolle gespielt hätten, ohne dass seine Eltern schon das Rentenalter erreicht hatten, ohne dass irgendjemand verstehen konnte, dass der große erfolgreiche Vorzeigehof keine Zukunft mehr haben sollte, keine Zukunft mehr hatte, weil er geschlossen wurde, nachdem die Klinikleitung es so beschlossen hatte. Mit guten Gründen: eine Klinik hatte sich auf ihre Kernkompetenzen zu konzentrieren, wozu die Landwirtschaft nicht zählte. Die umliegenden Höfe gaben in großer Zahl ebenfalls auf, weil sie sich nicht mehr rechneten.

So wurde der Gutshof geschlossen, Weiden und Äcker an einen anderen Familienbetrieb verpachtet und dem wirtschaftlichen Strukturwandel damit genüge getan. Für Chris‘ Eltern hatte man eine Weiterbeschäftigung im Klinikbetrieb gefunden, so dass sie versorgt waren. Für Chris hatte sich niemand interessiert.

Chris war außer sich. Er lernte seine vielleicht wichtigste Lektion im Leben. Die generationenalten Bemühungen seiner Familie spielten keine Rolle mehr. Über den Hof, für den sie sich mehr einsetzten, als für ihr familiäres Wohlergehen, bestimmten nun andere, ohne ihre Mitsprache.

Die Arbeit seiner Familie in Jahrzehnten hatte Chris nichts mehr mit auf seinen Lebensweg zu geben. Seit Adam und Eva waren sie als Manager des Hofes ohne Eigentum Habenichtse geblieben. Und hatten dafür stets ihr Bestes gegeben. Chris fühlte sich von allem und jedem verraten. Zuerst einmal wollte er verstehen, was passiert war: er wollte wissen, was ein Strukturwandel ist. Er wollte die Bedeutung von Rentabilität begreifen. Er würde den Unterschied von Eigentum und Besitz mühsam lernen: anscheinend als erster in seiner Ahnenreihe, seit Adam und Eva.

Chris beschloss Wirtschaft zu studieren und die Landwirtschaft damit endgültig an den Nagel zu hängen. Für immer. Es war ein seltsames Gefühl. Er war frei. Vogelfrei. Noch wusste er nicht, was und ob diese neue Freiheit etwas Gutes bedeutete, für ihn als Erstling. Als Neuanfang nach dem Scheitern einer äonisch langen Ahnenreihe vor ihm. Ohne Vorbild, ohne Anleitung, ohne Ziel, war er der Erste seiner Zukunft: seiner eigenen Zukunft.

Chris war mittellos, aber frei für neue Wege, für etwas Eigenes, für sein Eigentum, dessen Umfang ihm winzig schien. Doch er hatte sein übergroßes Wissen und Können, das er in jungen Jahren schon in sich vereint hatte und das er überall einsetzen und weiter vervollkommnen konnte.

Mit bangem Herzen und dem Mut seiner Jugend orientierte sich Chris neu. So neu wie nie zuvor und vielleicht nie wieder. Ab sofort war er auf sich gestellt. Er hatte weder Erbe noch Kapital noch Förderer zu erwarten. Es kam nun alles auf ihn selbst an. Chris, der erste seiner Generation, verlassen von seiner Vergangenheit und unsicher ob seiner Zukunft, wagte den Anfang für seine eigene Zukunft.

Vorerst.

SCHÖNER SPORT

Chris stürzte schon wieder. Und stürzte und stürzte. Diesmal war es kein Traum. Er stürzte den Abhang hinab, und es schien nicht mehr aufhören zu wollen. Er stürzte und stürzte; in einem Tohuwabohu aus oben und unten, vorne und hinten, jetzt und zuvor, bis er nach gefühlter Unendlichkeit seines Sturzes unversehens auf den eigenen Beinen stand und den Abhang hinabblickte.

Nachdem er sich selbst überprüft hatte und bis auf einen kleinen Kratzer am Finger keinerlei Verletzung von seinem Sturz an sich feststellen konnte, drehte er sich um und blickte den steilen Abhang hinauf, blinzelte in die Sonne, musste die Hand vor die Augen halten, vor gleißendem Sonnenschein, der sich vielfältig auf dem Schneefeld spiegelte, durch das Chris nun den Schneehang aufwärts stapfte, um zunächst seine Handschuhe einzusammeln, die sein Sturz ihm von den Händen gerissen hatte, dann seine Sonnenbrille, dann seine Mütze, dann seine beiden Stöcke und zuletzt seine Schi. Nicht nur er selbst war heile geblieben, auch seine gesamte Ausrüstung war intakt. Chris sammelte sie Stück für Stück wieder ein und nahm sie wieder in Betrieb.

„Stürzen habe ich jetzt auch gelernt. Auf meine Instinkte ist verlass“, sagte er zu sich, stolz auf das Erreichte und wenig beeindruckt von der kurz zuvor noch gebannten Todesgefahr. So machte Chris sich auf, nahm Fahrt auf und wedelte gekonnt hinab auf dem Steilhang, dem er ein gestürztes Intermezzo geboten hatte.

Schifahren war eine der vielen Freizeitbeschäftigungen, die das Wirtschaftswunder der Nachkriegszeit hervorgebracht hatten. Gefühlt alle hatten inzwischen, trotz Job und anderer

Verpflichtungen, genügend Freizeit, sich ein Hobby, einen Sport oder einen anderen Zeitvertreib zuzulegen und, je nach Geldbeutel, in Urlaub zu fahren.

So machte auch Chris‘ Familie einmal jährlich Urlaub in den Osterferien. Es ging nach Österreich in die Berge. Und Chris lernte Schifahren, was in den ersten Tagen kaum anderes bedeutete, als einfach den Berg hinab zu rasen, bis ein Sturz die wilde Hast beendete.

Bis er einen Schikurs besuchte und dem vergeblichen Hinweis seines Schilehrers, er möge doch an seiner Technik arbeiten, um eleganter und unfallfrei die Pisten weniger unsicher zu machen, erst weit nach dem Ende des Kurses nachkam. Der Schilehrer beantwortete Chris‘ Alleingänge mit noch ausschließlicherer Widmung seiner Bemühungen den, zwar nicht gelehrigeren aber ihm deutlich zugeneigten, Schihasen.

Chris wurde also auch in diesem Punkt später zum gelehrigen Schüler seiner selbst, was seinen autodidaktischen Ehrgeiz erstmals wieder seit dem Laufen und Radfahren Lernen entflammte. Leider ergab sich die Gelegenheit zur Selbstvervollkommnung in der Sportart Abfahrtschi zuerst aus geografischen Gründen und nicht zuletzt aus finanziellen Gründen nur einmal im Jahr. Der Schiurlaub sollte zum Fixstern des Jahres für Jahrzehnte für ihn werden. Chris wurde zunehmend bekannt dafür, die elegantesten Schwünge am Berg zu wedeln. Mit eleganter Schiführung und eng aneinander liegenden Schi bewältigte er jede Piste tänzerisch leicht, und dies zunehmend auch in allen Steilheitsgraden und Buckelpisten.

Er hatte etwas Wesentliches verstanden, das sich auf viele weitere Lernaufgaben in seinem Leben übertragen ließ. Der Feind des Lernens in Sachen Körperbeherrschung war die

Angst, und nicht nur darin. Im Grunde fand Chris diese Hemmung überall im Leben wieder, wenn Menschen davor zurückscheuten, ihre Möglichkeiten zu nutzen und vermieden dazuzulernen.

Und diese Sache mit dem Lernen war grundsätzlich sehr einfach. Setzt du dich dem Lernen aus, konfrontiert du dich mit deinem Unwissen und mit deiner Unfähigkeit. Nur das Lernen hilft dort heraus. Deshalb erfordert Lernen-Wollen unweigerlich zuerst einmal, mutig sein zu wollen und sich seiner Unsicherheit stellen und seine Komfortzone verlassen zu wollen.

Beim Schifahren hieß das, dem natürlichen Reflex begegnen, sich vorsichtshalber der vermeintlich sicheren Gegend, dem Hang über sich, zuzuneigen, was fatale Auswirkungen beim Schifahren erzeugt. Das Körpergewicht nach hinten zu verlagern macht die Schi besonders schnell und schlecht steuerbar, was zu vielerlei Stürzen führt und die Angst vergrößert. So wenden sich die Übenden dem vermeintlich sichereren Hang über ihnen noch sehnsüchtiger zu und das behindert ihr Schifahren-Lernen dann noch mehr.

Wenn das Körpergedächtnis der Lernenden endlich begriffen hat, dass der Lernende sich mit dem gesamten Gewicht und dem versammelten Mut gen Tal zu stemmen hat und den Schwerpunkt des Körpers, also den Oberkörper, weit vorn zu halten hat und den Hintern weit unten, dann hat das Lernen endlich Erfolg: die unteren menschlichen Gliedmaßen haben endlich unter der Schwerkraftlinie des ungehindert hinabstürzenden Oberkörpers ein leichtes Spiel, bringen die leichten Schi problemlos zum Wedeln, und halten sie selbst im Steilhang und auf Buckelpisten verlässlich im Griff. Damit kommt eine geradezu orgiastische Freude an der Bewegung auf, gleich eines heißen Tanzes den Berg hinab, deren

Gelegenheit sich Dank komfortabler Aufstiegshilfen mit Liften und Seilbahnen mehrfach täglich wiederholen ließ.

Chris hatte dieses Tanzspiel derart perfektioniert und seine Lernerfahrungen so gut selbst verstanden, dass er eine Vielzahl von Interessierten über Jahre vom Schifahren überzeugte und ihren Weg zu versierten Schifahrern hilfreich anleitete.

GROSSE LIEBE

Das Glück seines Lebens trat in der Person von Elli in sein Leben, indem sie erstmal nicht in sein Leben trat, sondern ihn in seinen Träumen wiederkehrend besuchte, bevor er sie persönlich in der richtigen Welt kennenlernte.

Mit seinen zarten siebzehn Jahren noch ungeküsst und voller Sehnsucht, wann sich das ändern möge, nahm er all seinen Mut zusammen und versuchte die Frau seiner Wahl anzumachen. Sie wusste ja nichts davon, dass er sie aus seinen Träumen bereits kannte. Zu kennen glaubte.

Auf einer Party bei Tom sollte sich das ändern. Toms Eltern hatten einen ausgebauten Partykeller, was damals sehr in Mode war, und stellten diesen auch Tom und seiner Clique zur Verfügung. So kam es, dass Elli Chris zum ersten Mal kennenlernte und Chris die Elli aus der wirklichen Welt.

„Was ist denn das für ein unverschämter Typ? Kaum Haare auf dem Kopf und im Holzfällerhemd, bildet der sich tatsächlich ein, ich würde auf ihn stehen, oder was?! Jetzt grabscht der mich auch noch an. Wenn der mir mehr als an der Bluse zupft, scheuere ich ihm eine. Am besten ignoriere ich ihn und rede mit Susi weiter, dann geht der schon wieder."

Da war Elli schief gewickelt. Chris war tapfer und nicht bereit, sich durch Ignorieren abwimmeln zu lassen. Er fing an zu erzählen und Elli konnte nicht anders, als ihm zuzuhören. Chris erzählte von seinem Hof zu Hause und faszinierte Elli damit zunehmend.

„Also, wenn du es beim Sprechen lässt, erzähl mir was von eurem Hof. Habt ihr wirklich Hühner? Ich liebe Hühner. Wieviel sind es denn?"

„Ja, so einhundert ungefähr."

„Wow, so viele! Wie romantisch. Und die laufen überall auf eurem Hof rum?"

„Nö, eher nicht."

„Wie jetzt, sind die in einem Hühnerpark eingesperrt?"

„Naja, so auch wieder nicht. Sie sind in einem Hühnerstall."

„Ach so, dann werden die jeden Tag da rausgelassen?"

„Nee, die bleiben immer im Stall."

„Was? Die armen Tiere kommen nie raus und leben in ihrem eigenen Mist?"

„Nein, der Stall ist sauber und wird täglich gereinigt."

„Wieso macht ihr euch so viel Arbeit, wenn ihr sie einfach draußen laufen lassen könnt?"

„Rauslassen geht nicht. Sie leben in Käfigen zu drei Tieren und ihr Kot fällt durch einen Rost, so dass er leicht entnommen werden kann. Frisches Wasser nippen sie direkt aus der Frischwasserleitung an speziellen Hühnerventilen, und ihr Futter bekommen sie aus einer Futterrinne, an die sie durch das Gitter herankommen. Ihr Tag ist immer gleich lang und wird durch eine Zeitschaltung mit Lampen bestimmt. So ist alles optimiert, damit sie am meisten Eier legen. Das ist nachgewiesen."

„Ich bin entsetzt!"

Es war ein wirklich faszinierendes Schauspiel. Ellis Vorstellungen von einem Bauernhof waren aus ihrer eigenen Kindheit geprägt und stammten vom kleinen traditionellen Hof ihrer Großeltern väterlicherseits. Aufgewachsen war sie als Einzelkind wohlhabender Eltern in einem Kaufmannsbetrieb, der mit der Urproduktion nichts zu tun hatte. In dem Betrieb wurde nicht produziert, und Ware kam nur im

Wareneingang an, um zwischengelagert und auftragsspezifisch wieder versendet zu werden.

Eigentlich war das Geschäft ihrer Eltern eine spezielle Form der Kontaktpflege mit immer wieder aktuellen Verhandlungen zu Qualität, Menge und Preis der Artikel.

So war Elli zugleich angewidert von Chris‘ Beschreibung eines Käfighühnerstalls und zugleich fasziniert davon, dass es lebende Tiere und richtige Produktion auf Chris‘ Hof gab, auch wenn diese nicht ihren romantischen Vorstellungen entsprach, die sie immerhin nicht aus Bilderbüchern hatte, sondern am Hof ihrer Großeltern selbst noch erleben durfte. Der allerdings wurde nicht mehr bewirtschaftet, und die Großeltern waren leider schon verstorben.

Als Chris wieder mit seinen kleinen Anzüglichkeiten begonnen hatte, stellte sie sich wieder stur und ließ ihn abblitzen. Aber irgendwie hatte er sie neugierig gemacht.

„Was hältst du davon, wenn ich dir unseren Hof zeige? Ich lade dich ein, mit mir Trecker zu fahren. Es wird Frühling und die Weiden müssen abgeschleppt werden, damit die Maulwurfshügel egalisiert werden. Das ist ein fröhliches Im-Kreis-Fahren von Feld zu Feld. Du musst dich nur gut festhalten, damit du dir nicht deinen süßen Kopf stößt, wenn es heftig wackelt.“

Schon wieder diese Anzüglichkeit, aber Elli konnte nicht anders. Das Angebot war einfach zu verlockend. Schließlich wusste sie, was sie wollte und vor allem, was sie nicht wollte. Notfalls wusste sie sich zu helfen.

„Ja gut. Da bin ich mal gespannt, deine armen Hühner zu sehen. Wie geht ihr denn mit Menschen um, wenn ihr euren Tieren das antut?“

„Du wirst sehen, wir sind eine ganz normale Familie. Meine beiden kleinen Schwestern werden dir gefallen.“

„Na, dann weiß er ja wohl, wie man sich zu benehmen hat, wenn er Schwestern hat“, dachte sich Elli.

Und beide hatten ihr erstes Date.

Chris‘ Traum ging in Erfüllung. Elli kam zu Besuch und ließ sich bereitwillig von Chris‘ Mutter und seinen Schwestern bei Kaffee und Kuchen begutachten. Sie besichtigte mit Chris den ganzen Hof, auch den finsteren Hühnerstall, fand aber auch freilebende Katzen, die sie ausgiebig streichelte und tobte mit dem Schäferhund, der außer sich vor Freude war. Mit Chris fuhr sie Trecker. Es war ein monotones Rundendrehen über die Felder, und doch war es interessant, weil es so wirklich und lebendig war, draußen in der Weite der Welt, bis die Härte der Welt ihr äußerste Selbstbeherrschung abverlangte, als sie sich heftig ihren Kopf anschlug, als der Trecker über ein Loch rumpelte. Chris bot es eine willkommene Gelegenheit, Elli zu trösten. Was Elli sehr imponierte und Chris in ihren Augen in ganz anderem Licht erscheinen ließ, als bei ihrer Erstbegegnung.

Sie sah in ihm einen großen kräftigen Kerl mit hellem Verstand, unglaublich viel Wissen und unfassbar blauen Augen. Auf dem anschließenden Spaziergang gingen sie nach sehr zärtlicher Annäherung bereits Hand in Hand. Bei ihrer nächsten Verabredung folgte der erste Kuss, der Chris fast von den Füßen geworfen hätte, als ihre Zunge sich ihm keck anbot. Augenblicklich verstand er diese Sprache. So konnte er gar nicht davon ablassen, das Wechselspiel ihrer Zungen immer und immer wieder in neuen Nuancen auszuprobieren.

Bei der nächsten Party traten sie bereits als Paar auf, und so mancher Verehrer musste sich damit abfinden, dass die schöne Elli nicht mehr auf dem Markt war. Ohne es zu wissen, hatte sie nicht nur Chris mit ihrer Schönheit im Traum betört, sondern auch etliche weitere Jungs interessiert bis fasziniert: mit ihren außergewöhnlich rotblonden Haaren, die es in der gesamten Stadt nicht noch einmal gab, mit ihrer weiblich reifen Figur, die sie geschickt an den richtigen Stellen wahlweise zu verhüllen und zu betonen wusste, mit ihrem geheimnisvollen Wesen, das die Kerle mühelos mal auf Nähe und mal auf Distanz halten konnte, mit ihrem ungeheuer faszinierenden Lachen. Womit sie insgesamt eine außerordentliche Beliebtheit genoss, ohne sich bis dahin voll und ganz zu einem Jüngling bekannt zu haben; mit Ausnahme einiger Affären natürlich, die es ihr erleichtern sollten, Chris auf die Sprünge zu helfen, wenn er aufgrund seiner Unerfahrenheit allzu schüchtern oder gar grob zu Werke ging.

Auf der nächsten Party bei Elli Zuhause im ausgeschmückten Lagerbereich des Betriebs ihrer Eltern, erkundete Chris erstmals weitere Regionen ihres Körpers. Und Elli hatte erstmals nichts mehr einzuwenden, wenn er ihr an die Wäsche wollte. Jedenfalls nicht grundsätzlich. Denn wie weit sie dies zuließ, bestimmte sie selbst. Chris war ihr gelehriger Schüler, der die Regionen, die sie ihm darbot dankbar und stets vorsichtig erkundete und sie mit der ihm möglichen Zärtlichkeit liebkoste. Er spürte, wie sie sich ihm anvertraute, sich an ihn schmiegte und von ihm verwöhnen ließ. Umgekehrt verwöhnte sie auch ihn. Mit Streicheln und Küssen wiederbelebten sie sein Paradies auf Erden. Sie wussten sich gegenseitig ihr Paradies zu schenken.

Als Chris sich erstmals bis zu ihrem weichen Busen vorgearbeitet hatte, war er sprichwörtlich wieder in der vollsten Schönheit der Welt angekommen, wie er es sich schon früh gewünscht hatte. Seine ursprünglichsten Sehnsüchte, Träumen, Lauschen und Nuckeln erlebte und genoss er mit Elli in einer Innigkeit, wie er es sich vor ihr nicht erträumen konnte.

Sie belebten dieses gemeinsam entdeckte Paradies Quadratzentimeter für Quadratzentimeter, indem sie sich viel Zeit miteinander nahmen, sich unendlich viel Zeit schenkten bei der Erkundung ihrer geheimen Erotik. Sie wollten nichts überstürzen und nichts als Zärtlichkeit und Hingabe ausleben. Stück für Stück schritten sie voran auf dem Weg ihrer Erfahrung miteinander. Sie kamen beim Allerheiligsten an und lernten, mit Streicheln, dem Anderen zu geben, was dieser sich wünschte. Sie nahmen sich Zeit für immer wieder neues Einüben in trauter Zweisamkeit bei Elli Zuhause, deren Eltern dem jungen Paar seinen Raum ließ, um ungestört seinen gegenseitigen Erkundungen nachgehen zu können.

So waren beide selig und erlebten die schönste Zeit ihres Lebens. Die schönste Zeit, die Menschen in der Härte der Welt erleben durften, wenn sie das Glück hatten, wie Elli und Chris.

SOZIALE PFLICHT

Kurz vor seinem Abitur erhielt Chris den Einberufungsbescheid. Die Wehrpflicht für alle jungen Männer des Landes hatte auch ihn erreicht.

Für fünfzehn Monate musste jedes männliche Exemplar der Gesellschaft den Eid auf die Bundesrepublik Deutschland ableisten und nach einer dreimonatigen Ausbildung den Dienst in Luftwaffe, Flotte, oder Heer absolvieren; sofern sie nicht Feuerwehrmann, Katastrophenschützer oder Polizist zum Beruf wählten und anders im Dienst des Staates standen oder wenn sie sich nicht Kraft ihres Gewissens von jeder Art der Gewalt, auch der militärischen, lossagten, was damals durch eine aufwändige psychologische Prüfung auf Wahrhaftigkeit getestet wurde. Diese, Wehrdienstverweigerer genannten, jungen Männer hatten dann Ersatzdienst zu leisten und stützten die Gesellschaft bei den Sanitätern, in der Altenpflege oder bei der Jugendarbeit. Der Staat verdonnerte die Verweigerer vorsichtshalber drei Monate länger als die Wehrpflichtigen und verhinderte damit dennoch nicht, dass eine ganze Armee an jungen Männern zur Stütze von Caritas, Rotem Kreuz, Arbeiterwohlfahrt und anderen Organisationen wurden, vom Stammpersonal dafür sehr geschätzt.

Chris verweigerte nicht und wurde zur Marine eingezogen. Aufgrund seiner naturwissenschaftlichen Fähigkeiten und handwerklichen Fertigkeiten vom heimischen Hof erhielt er eine Grundausbildung in Motorentechnik, was ihm sehr gefiel

Chris war nicht wirklich begeistert von seinem Wehrdienst. Die meiste Zeit war mit seltsamen Routinen verplant. Der theoretische und praktische Unterricht an den Motoren und Sport waren die Tageshighlights. Strammes Marschieren, exzessives Stubensäubern und auch das frühe Aufstehen und die strikte Nachtruhe blieben gewöhnungsbedürftig.

Dennoch registrierte Chris, wie etliche seiner Kameraden von Haus aus nicht einmal auf die kleinsten Selbstständigkeiten vorbereitet zu sein schienen. Mit stillem oder aktivem Protest konnte dabei Einer die gesamte Truppe reinreiten und zu Strafrunden verdonnern. Nachlässigkeiten eines Einzelnen beim Stubendienst konnten die gesamte Zimmerbelegschaft die Heimfahrt am Wochenende kosten. Und Unverschämtheit beim Mittagsmahl konnte den allzu Zögerlichen ihr Schnitzel kosten, wenn sie nicht schnell genug waren oder anders ihr Recht durchzusetzen suchten.

Wie seit Generationen entstanden aber auch unter den Bedingungen wild zusammen gewürfelter Haufen aus der gesamten Republik echte Freundschaften und die viel gepriesene Kameradschaft, die dem volkstümlich vereinfachten Kantischen Imperativ folgte, dass man niemandem das antun solle, was man von diesem auch nicht angetan bekommen wolle.

Besonders interessant für Chris war die Beobachtung von Macht. Durch die strenge Erziehung seiner Eltern vorbereitet, sah er wie die Vorgesetztenrolle den Einen korrumpierte und den Anderen zur reiferen Persönlichkeit machte.

Und wenige erwarben sich gar den Titel der Mutter der Kompanie, was einem Höchstmaß an persönlicher Integrität, wichtiger Führungsposition und unzweifelhafter Fachkompetenz gleichkam.

Von einer dieser besonderen Führungspersönlichkeiten wurde er eines Tages beiseite genommen und um die Mitwirkung bei einer Katastrophenübung gebeten. Als, nach der Grundausbildung an Land stationierter, Verwaltungsmitarbeiter war Chris abkommandiert, um an einem Manöver an

Bord teilzunehmen. Auf einem Minensuchboot wurden auf hoher See realistische Einsätze geprobt, zu denen auch Übungen für Notfälle gehörten.

Chris schlauchte die Erfahrung des Einsatzdienstes. In Wechselschichten von vier Stunden war der Tag durchstrukturiert, was bedeutete, dass nur eine Nachtschicht von vier Stunden dem Thema Schlaf gewidmet war. Ansonsten war der Tag pickepacke voll mit Maschinenüberwachung, Decksreinigung, Potaten drehen, also Kartoffeln schälen, technischen und theoretischen Unterweisungen und immer wieder Lackierarbeiten.

Die Übung zum Feueralarm, für die Chris eine besondere Aufgabe erhalten hatte, war ihm insofern eine besondere Abwechslung. Er wurde zum Löschtrupp eingeteilt, erhielt die komplette Ausrüstung mit Atemschutz, stieg mit den anderen Löschkräften hinab in den Maschinenraum, simulierte den Löscheinsatz und machte Witze mit ihnen, ob der lächerlichen Aufgabe.

Dann wurde er, Drehbuch gemäß, ohnmächtig, fiel auf den Boden, blieb liegen und rührte sich nicht mehr. Auch nicht, als die Kameraden den Trick witterten, weiter Witze rissen und ihn mit Kitzeln vom Unterlassen dieses Nonsens zu überzeugen suchten. Aber Chris entdeckte sein schauspielerisches Talent. Und er blieb tapfer, eine seiner ältesten Fähigkeiten.

Die Kameraden wurden munter, spürten auf einmal den Ernst der Lage und setzten alle Hebel in Bewegung, um ihren Kameraden heil zu bergen. Was angesichts Chris‘ Gewicht und Größe bei den steilen Stiegen im Boot schwierig bis unmöglich schien. Dann wurde der Kommandant zu Hilfe gerufen und Chris sogar mit Chefunterstützung zu retten versucht, denn man konnte ihm wegen der realistischen

Feuerübung mit simuliertem Rauch die Atemmaske erst an Deck wieder abnehmen.

Nach langer äußerster Anstrengung, bei der so mancher Kamerad blass wurde und den Tränen nahekam, ob Chris' drohenden Todes in jungen Jahren, hatten sie es endlich geschafft. Sie brachten ihn an Deck, rissen ihm die Atemmaske vom Gesicht und belebten ihn mit heftigen Stößen auf die Brust wieder.

Der Kommandant lobte den professionellen Einsatz seiner Mannschaft und warf Chris einen verstohlenen Blick zu. Beide verstanden ohne Worte. Niemand durfte erfahren, dass das Schauspiel verabredet war. Es drohte sonst beinahe Lynchgefahr.

Kaum war die Mannschaft wieder vereint und überglücklich über den Rettungserfolg, tönte Fliegeralarm über die Decks. Der Tornado kam nur eine Handbreit über dem Horizont direkt aus der tief stehenden Sonne auf ihr Boot zu und war so schnell, dass die Flugabwehrkanone nicht einmal einsatzfähig besetzt war, als er ihr Boot erreichte und der Pilot in einer 90-Grad-Wendung den Düsenjäger senkrecht über ihrem Boot in den Himmel steigen ließ.

Mit dem ohrenbetäubenden Lärm und durch Mark und Bein erschüttert, hatte jeder kapiert, dass sie alle nicht mehr am Leben wären, wenn es sich um einen Ernstfall gehandelt hätte.

Weil sie alle zusammen nicht gut genug waren, für diesen Feind in seinem Flieger.

FREIE UNIVERSITÄT

Als Chris die Universität in der benachbarten Metropole zum ersten Mal auf einem Schulausflug seines Abiturjahrgangs sah, war er begeistert.

Die Gebäude waren in einen Hang hinein gebaut und boten an vielen Stellen weite Aussichten über das Tal, nach dem die Stadt benannt war.

Die Gestaltung der Straßen und Plätze machte zusätzlich den Eindruck einer Burg. Das gekonnte Wechselspiel von Beton und Glasfassaden an den Gebäuden, die in Kontrast standen mit den Natursteinen für die Terrassierung, in Verbindung mit den hoch aufragenden Fakultätsgebäuden, war wirklich beeindruckend und überzeugte Chris von der Richtigkeit seiner Wahl.

Im bevölkerungsreichsten Bundesland Nordrhein-Westfalen, aus dem mittels Kohle, Stahl und weiterverarbeitender Industrie ein wesentlicher Teil der Wirtschaftskraft für das deutsche Wirtschaftswunder im Neuaufbau des Landes nach dem Krieg resultierte, wurde massiv in die Zukunft investiert. Die Tatsache, dass im Verhältnis zur Wirtschaftskraft pro Kopf im Arbeiterland NRW zu wenige Studienplätze angeboten wurden, um auch die intellektuelle Zukunft des Landes zu fördern, sollte dafür sorgen, dass neue Universitäten in den Arbeiterstädten wie Pilze aus dem Boden schossen. So schaffte die Landespolitik die Voraussetzung für den wirtschaftlichen Strukturwandel, der nach der Ära von Kohle und Stahl auf der Ressource Wissen fußen würde. Wofür die Vielzahl der neuen Universitäten einen wesentlichen Beitrag leisten sollten.

Auch in Chris‘ Nachbarstadt war die Uni erst wenige Jahre in Betrieb und erhielt schon reichlich Zulauf, auch wenn die internen Strukturen noch erkennbar entwicklungsfähig waren. Erhebliche Kapazitäten wurden durch Lehrstuhlvertretungen oder flugs beförderte Professoren geschaffen. Die schiere Anzahl der Neuzugänge aus den Babyboomer-Jahrgängen wurde durch große Hörsäle und nicht selten durch campingartige Flexibilität der Studierenden bewältigt, die das Angebot bei Bedarf flugs um etliche Fußboden- und Stehplätze erweiterten.

In dieser interessanten Melange aus intellektueller Unterstützung für den Strukturwandel, Start-Up-Feeling wegen der neuen Infrastruktur und autodidaktischen Notwendigkeiten wegen der eingeschränkten quantitativen und qualitativen Lehrkapazitäten, setzte Chris seinen Entschluss um und startete sein Ökonomiestudium.

Das Studium verlangte, nach der formellen Einschreibung und semesterweiser Rückmeldung, praktisch null Verbindlichkeit von den Studierenden ab. Mangels Anwesenheitskontrolle in den Veranstaltungen und der ausgeprägten Anonymität, ob der großen Zahl der Veranstaltungsteilnehmer, interessierte sich niemand für das persönliche Fortkommen und Wohlergehen des Einzelnen, was eine nicht unerhebliche Zahl Studierender dazu verleitete, ihr Studium zu verbummeln, manche auch mit Bafög, lange Zeit subventioniert.

Eine weitere erhebliche Anzahl verbrachte wesentliche Anteile der Zeit mit Jobben, um ihr erstmals freies Leben außerhalb des Elternhauses karrierefrei einfach zu genießen.

Und die Karrieristen wiederum tauften ihr Studium ironisch Scheinstudium und bewältigten es in Rekordzeit, in dem sie sich systematisch auf die einfachsten Fächer und

Dozenten konzentrierten. Ihre Prüfungsvorbereitungen konnten sie auf die Mühen ihrer Vorgänger stützen, weil sich die Prüfungsthemen kaum änderten.

Chris‘ Studium gestattete es ihm seinerseits, sein duales Lernen konsequent fortzusetzen. Er studierte und ging praktischer Arbeit nach, um sein Studium zu finanzieren. Mit der Regelstudienzeit kam er dennoch klar, nachdem sich schnell herausstellte, dass der Besuch der Vorlesungen in weiten Teilen Zeitverschwendung war. Nur wenige Dozenten brachten wirklich Lehrreiches zu Wege. Nicht wenige interpretierten den Titel Vorlesung allzu eng und referierten, im Ernst, Fachbücher oder ihr Skript, indem sie daraus vorlasen.

Aber Lesen konnte Chris selbst. Und in Ruhe zu Hause oder auf dem Campus oder wo immer sonst, war das nicht nur effektiver, sondern auch wesentlich angenehmer. Und schneller. So blieben die Seminarveranstaltungen, für die Chris sich die Freiheiten seines Studiums ebenfalls zunutze machte und sich gezielt Dozenten suchte, die Seminararbeiten unterstützten, deren Themen die Studenten selbst vorschlagen durften oder sollten und deren Themen sie ehedem interessierten.

„Wenn Sie schon selbst für Ihr Thema intrinsisch motiviert sind, ist das für uns beide die beste Wahl im Vergleich zur Fremdmotivation, die ich Ihnen mühsam und meist vergeblich mit auf den Weg geben müsste.“

Das sagte sein Volkswirtschaftsprofessor und unterstützte gar Chris‘ Wunsch, sich mit dem Strukturwandel in der Branche seiner Eltern, der Landwirtschaft, im Rahmen einer Projektarbeit zu befassen.

So meisterte Chris sein Grundstudium locker in der Regelstudienzeit, obwohl er jobbte und ein freies Leben zu genießen verstand.

Mathe und Statistik, die Angstgegner der Meisten im Massenstudiengang Wirtschaftswissenschaften, meisterte er mühelos mit Bestnoten, nachdem er durch sein naturwissenschaftlich geprägtes Abi für das gesamte Studium vorgesorgt hatte. VWL und BWL wären in der Schule als Laberfächer durchgegangen, und so kam er auch hier, entsprechend vorbereitet, gut klar.

Mühe machte ihm Soziologie. Da erlebte er zum ersten und bisher einzigen Mal, dass er in der gesamten Vorlesung kein Wort verstand, obwohl die Veranstaltung in deutscher Sprache stattfand. Der Mix aus Fachbegriffen und theoretischen Konstrukten, die seinem Alltagsverständnis zuwiderliefen, forderten Chris heraus, und er stellte sich den Anforderungen mit mäßigem Erfolg. Was nicht weiter bedeutsam blieb, weil das Fach im Hauptstudium nicht mehr relevant sein würde.

Dann gab es doch eine besondere Anforderung durch einen kleinen Schein in Jura, den er mehrfach versiebte, bis er auf der letzten Rille auch damit durch war.

Chris lernte an den beiden letztgenannten Beispielen, wie eingeschränkt seine eigene Wahrnehmung und damit seine Möglichkeiten des Verstehens sein konnten, und sollte diesem Aspekt im Weiteren immer tiefer auf den Grund gehen. An den Beispielen Jura und Öffentliche Verwaltung erkannte er allerdings auch Grundsätze, die er Zeit seines Lebens für sich ablehnen würde.

Im Fall Jura lautete die erste Grundsatzfrage, wer könne was von wem verlangen? Für Chris‘ Leistungs- und Dienstbereitschaftsverständnis eine absurde Voraussetzung, die ganzen Heerscharen von Juristen nachhaltige Beschäftigung bot. Nach Chris sollte es doch eher um das Folgende gehen:

„Was kann ich für dich tun?“

Im Fall Öffentliche Verwaltung lautete die erste Frage, ob man überhaupt zuständig sei? Für Chris‘ Verständnis war das eine abstruse und monströse Möglichkeit für ganze Apparate von Kapazitäten, sich vor Leistung zu drücken und das organisierte Unvermögen zu leben. Anstelle dessen trat Chris dafür ein, mit einer grundsätzlichen Dienstbereitschaft das Gebot der Nächstenliebe vorzuleben und mit Hilfsbereitschaft an die Sache zu gehen: selbst wenn diese nur darin besteht, auf dem Weg zur richtigen Zuständigkeit weiter zu helfen, was schon einer Dienstleistungsrevolution in der öffentlichen Verwaltung gleichkäme, mit der Kernfrage:

„Wie kann ich Ihnen helfen?“

So hatte Chris sein Grundstudium formal sauber abgeschlossen, ohne wesentlich anderes als die Scheinstudenten geleistet zu haben. Vor allem seine Grundsatzfragen aus dem Vorleben in der Landwirtschaft blieben dabei kaum berücksichtigt.

Was war Strukturwandel? Wie schaffte man Rentabilität? Was war die Grundlage für eine nachhaltige Existenz? Was bedeutete Kapital? Wie konnte man seit Adam und Eva vermögenslos geblieben sein? Was bedeutete Eigentum? Was war Chris eigene Kernkompetenz?

FATALER UNFALL

Chris stürzte wieder. So schnell, dass er nicht mal erlebte, wie er mit seinem Motorrad in den Gegenverkehr fuhr, als er hinter einem LKW links abbog und den entgegenkommenden PKW nicht gesehen hatte. Es kam zu einem Frontalcrash mit zwei mal fünfzig km/h. Als Motorradfahrer hat man damit eigentlich keine Chance.

Chris knallte mit dem Oberkörper auf die Motorhaube und mit dem Kopf auf die Windschutzscheibe des Autos des Unfallgegners, glücklicherweise von einem guten Helm behütet. Derweil crashte sein Motorrad in den Kühler und klemmte Chris rechten Unterschenkel fest ein, so dass dieser zerquetschte und zweimal doppelt brach. An Schien- und Wadenbein trug er offene Fleischwunden davon, was er da noch nicht wusste.

Nachdem Chris auf dem Asphalt der Straße aufgekommen war, registrierte er, dass sein Fuß abgeknickt dalag, als habe sein Unterschenkel ein zweites Knie erhalten. Von der Verletzung und den offenen Wunden sah er wegen der blauen Cordhose nichts. Aber er spürte es. Bei vollem Bewusstsein ohne die Gnade des Schocks oder des Komas.

Seit seinem Motorradcrash weiß er, wie bestialisch Schmerzen sein können und wie sie die Zeit in die Unendlichkeit dehnen. Und sie nicht mehr vorbei gehen wollen, sondern bleiben. Die Schmerzen blieben bei ihm, wie extrem ungebetene Gäste, die jedes Fühlen und Erleben für sich einnehmen. Gefühlt für alle Ewigkeit.

Chris wurde zu seinem Glück verschont. Das gab ihm noch eine Chance, seine Lektion zu lernen, entließ ihn von der

Schippe des sofortigen Todes durch 100 km/h Aufprallgeschwindigkeit und strafte ihn stattdessen mit Schmerzen, wie er sie seinem ärgsten Feind nicht wünschen würde.

So lag Chris auf der Straße, erschrak angesichts seines ungebeten erschienenen neuen Knies und wusste, was er falsch gemacht hatte, was seine Schmerzen nur noch anfeuerte.

Er hatte in einer Rechtskurve rechts am LKW vorbeigepeilt und keinen Gegenverkehr gesehen, wartete etwas Zeit ab und schloss dann, dass die Gegenfahrbahn frei sein musste. Chris fackelte nicht lange und bog mit Schwung in die Stichstraße links ab, wo ihn schlagartig der Gegenverkehr erwischte. So schnell, dass er nicht einmal Typ und Farbe des PKW erkannte, in den er krachte, obwohl er alle Typen kannte.

Sein Schicksal hatte ein zweites Mal Erbarmen, und der Rettungsdienst war nach wenigen Minuten zur Stelle. Was Chris' Überlebenschancen deutlich steigerte, sein Leid aber nicht minderte. Wie zur Strafe trennte ihn vom erlösenden Rettungswagen die Malträtierung durch Fragen des zuerst erschienenen Polizisten, der Chris mit Nachdruck um Führerschein und Personalausweis bat, als er sich nur noch seinen Schmerzen hingeben wollte. Jede Rührung seines Körpers beim Hervorholen und Aushändigen der Papiere stach ihn mit noch mehr Schmerz.

Auch die Rettungsfahrt im schlecht gefederten Sanitätswagen auf LKW-Basis über das damals noch vorhandene Kopfsteinpflaster, strafte Chris mit der Potenzierung seines Leids. Durch das Rappeln des Autos klapperten die Knochensplitter in seinem Bein aneinander und erzeugten eine Teufelsmelodie von neuen Schmerzen.

Chris' Schicksal meinte es ein drittes Mal gut mit ihm. Es sandte ihm einen begnadeten Chirurgen, der die Worte „Gute Kunst" in seinem Namen trug. Mit seines Glückes Geschick und der handwerklichen Meisterleistung seines Doktors mit dessen Team, wurde Chris‘ Unterschenkel wieder zusammengesetzt.

Das Krankenhausbett durfte er ob der offenen Wunden und damit verbundener Unmöglichkeit, das gebrochene Bein in Gips zu legen, auf Wochen nicht mehr verlassen. Im Bett wurde sein Bein unverrückbar fixiert. Erst nach Verheilung der Brüche und der mehrere Handflächen großen offenen Stellen mittels späterer weiterer OP zur Hauttransplantation, durfte er nach Wochen sein Krankenbett wieder verlassen. Wie durch ein Wunder hatte er sein Leben behalten und sogar, nach langer Leidenszeit, sein Gehvermögen wieder erlangt. Chris‘ Schicksal war mehr als gnädig mit ihm. Etwas Bestimmtes schien es zu erfordern, dass Chris noch nicht das Zeitliche segnen sollte, dass Chris noch eine Aufgabe zu erfüllen hatte.

Damit er seine Lektion für alle Zeiten lernte, sandte ihm sein Schicksal wochenlang die Strafe des unbeweglich ans Bett gefesselten Seins, was die Tortur zu seinen Kindheitszeiten noch bei Weitem übertraf. Der Schmerz dehnte die Zeit heftig, bis in gefühlten Lichtjahren Entfernung die Heilung und Entlassung winkte.

Nicht ohne dass ihm die Hauttransplantation einen neuen Höhepunkt an Schmerz bereiten sollte. In Gestalt einer jungen und bildhübschen Nachwuchsärztin bekam Chris zu spüren, wie es sich anfühlte, bei lebendigem Leib die Haut von demselben gerissen zu bekommen.

Sie wechselte seinen Verband, der die Entnahmestelle der Haut für die Transplantation am rechten Oberschenkel bedeckte. Er war eingewachsen in die primäre Neubildung seiner Haut darunter, nachdem er offenbar zu lange nicht gewechselt worden war. Chris hielt aus und biss die Zähne aufeinander, anstatt sich zu wehren, als ihm sprichwörtlich die Haut vom Körper gerissen wurde. So sehr war er damals an Schmerz gewöhnt. Zwar bewies er damit äußerste Tapferkeit, aber es war auch reine Dummheit.

So lernte er seine Lektion nur mühsam und in gefühlter Ewigkeit des nicht enden wollenden Schmerzes, der die Nacht zur Hölle machte, mit dem Stöhnen, Ächzen und Jammern auch aus den anderen Krankenhausbetten. Schmerzmittel halfen ihm dagegen auch nicht, weil sie ihm stattdessen Alpträume und anschließend Migräne einbrachten.

Chris‘ Horrorerlebnis machte ihn tatsächlich klüger, lebensklüger. Endlich begriff er, dass seine Gedanken und die Realität verschiedene Sachen waren. Der Schluss, die Straße sei frei, bedeutete nicht, dass die Straße frei war. Dieser Fehler war ausschließlich seine Schuld. Er verstand auch, dass ihm seine große Tapferkeit nichts half, wenn er beim nächsten solchen Fehler weniger Glück haben würde.

Chris traf daraufhin mehrere richtungweisende Entscheidungen für sich.

Die erste war: Immer zweimal hinsehen, bevor du eine Entscheidung triffst, bevor du nochmal dein Leben ungewünscht der Realität zum Opfer bringst.

Die nächste war: Es macht keinen Sinn, deinen ganzen Gewerbefleiß ins Geldverdienen zu stecken, um sich damit kurzlebige Konsumgüter zu leisten, deren Wert kurzfristige Vernichtung droht, wie bei seinem zu Schrott gewordenen Motorrad.

Die weiteren Entschlüsse aber waren: Selbstständig zu werden, mit seiner Geliebten zusammen zu ziehen, sein Studium endlich ernster zu nehmen und später: eine Familie zu gründen.

Chris hatte seine schwierigste und wichtigste Lektion im Alter von zweiundzwanzig Jahren gelernt: trotz vielfacher Gelegenheiten sollte er nie mehr ernsthaft stürzen.

EIGENE BLEIBE

Chris' Beziehung mit Elli war während seiner Wehrpflichtzeit auf eine erste Probe gestellt worden. Würde ihre Liebe fünfzehn Monate Wehrpflicht als Wochenendbeziehung überstehen? Sie tat es. Die Wochenenden waren so exklusiv für ihre Beziehung reserviert, wie es davor nicht gewesen war.

Ihre neue Trennung trat unerwartet und ungewöhnlich in ihr Leben. Zeitweise. Chris' Motorradunfall fesselte ihn ans Bett und verdammte sie zu einer platonischen Liebe, fast ohne Berührung und Erfüllung.

Aber für beide sollte der Schock über Chris' Unfall etwas viel Tieferes bewirken. Sie wurden sich dessen bewusst, dass sie sich um ein Haar verloren hätten. Das übergroße Glück von Chris' Überleben und nicht zuletzt, dass Chris mit nur ein paar hässlichen Narben, aber ansonsten wieder völlig hergestellt, zurück ins Leben fand, schweißte sie noch enger zusammen.

So war es ihrer beider Triumpf, als Elli Chris eines Tages aus dem Krankenhaus abholte und ihn in ihrer beider normales Leben zurückbrachte. So kamen sie vorsichtig ihrer beider Zweisamkeit wieder näher.

Chris war so sehr an seine statische Position im Krankenbett gebunden gewesen, dass er Elli bitten musste, langsamer zu fahren, obwohl sie mit nur 50 km/h unterwegs war. Eine so einschneidende Veränderung seiner Wahrnehmungsfähigkeit durch bloße Gewöhnung an die statisch immer gleiche Perspektive aus seiner Position im Krankenhausbett, hatte er zuvor noch nicht erlebt.

Abgesehen davon war er noch Wochen damit beschäftigt, mit Krücken zu gehen. Was ihn nicht hinderte, ausgedehnte

Spaziergänge zur Wiederertüchtigung zu unternehmen und einen gewissen Einfallsreichtum mit Elli zu entwickeln, es beim Liebesspiel zu vermeiden, sich neu zu verletzen.

Letztendlich verheilten Chris' Wunden, und seine Liebe zu Elli vertiefte sich sowie seine Einstellung zum Leben. Chris war endlich doch erwachsen geworden, und nahm sein Leben mit Elli nun umso energischer selbst in die Hand. Er setzte sein Studium fort. Schon bald verlobten die beiden sich und feierten mit einem rauschenden Fest, zu dem sie alle Verwandten und Freunde einluden, um aller Welt ihre Liebe zu offenbaren.

Sie suchten sich eine gemeinsame Wohnung, die sie in einem alten Bauernhaus fanden, das Ellis Vater aus seinem Erbe gehörte. Gemeinsam waren sie selig. Ihre Zukunft stand ihnen noch bevor. Und es gab aus ihrer Sicht vielleicht niemals und nirgendwo sonst zwei Menschen, die ihren Lebensweg mit so viel Liebe und Zuversicht starteten. Und voll und ganz davon überzeugt waren, dass die ganze Welt ihnen gehörte, als sie ihre Studentenwohnung im alten Bauernidyll fertig gestellt hatten und dort eingezogen waren.

Allein für die Renovierungsphase für ihre neue Wohnung hatten sie sich ein Semester lang Zeit genommen. Die letzten Mieter waren ausgezogen, und so stand ihnen der gesamte Rest des Hofes in idyllischer Lage mit Garten, Teich und Hofplatz zur Verfügung. Die Weide- und Waldflächen waren verpachtet und wurden von Nachbarhöfen mit noch aktiver Landwirtschaft bewirtschaftet. Der kleine Hof bestand aus einem zweigeschossigen Fachwerkgebäude mit einem Anbau und einer Scheune. Die Scheune glich einem Verlies mit allerlei Unrat, beinhaltete zwei anscheinend baufällige, angeschleppte Schuppen, hatte undichte uralte Dachziegel und eine verwitterte Holzfassade, die Jahrhunderte alt schien und längst keinen Schutz vor Wind und Wetter mehr bot. Das Haus war von außen billig verkleidet, so dass das schöne Fachwerk nur noch auf Bildern zu sehen war und der Zustand der Fassade unbekannt blieb. Das Obergeschoss war vorher von den Mietern bewohnt gewesen. Im Untergeschoss befand sich der still gelegte Stall auf der Südseite und vier ungenutzte Wohnräume auf der Nordseite. Das Ensemble war an das Stromnetz angebunden, wurde mit einem eigenen Brunnen versorgt und hatte eine Abwassergrube, die regelmäßig mit Pumpwagen entleert werden musste.

Bei der Besichtigung der leerstehenden Räume im Untergeschoss hatte sich herausgestellt, dass das Fachwerk eine Kernsanierung erforderte. Die Studentenwohnung wurde so bereits zu ihrem ersten gemeinsamen Projekt, noch bevor Chris und Elli zum ersten Mal in eine eigene Wohnung einziehen konnten, bis diese fertiggestellt war.

Als Wirtschaftsstudenten ließen sie es sich nicht nehmen, das Ganze gründlich anzugehen. Sie beschränkten sich auf zwei Zimmer im Obergeschoss über dem stillgelegten Stall in der südlichen Haushälfte, installierten ein Bad, erneuerten Wasser-, Strom- und Abwasserleitungen, begradigten die Wände und gaben sich ansonsten mit wenig zufrieden.

Nicht zuletzt inspiriert durch die Besuche bei der Verwandtschaft in Ostdeutschland feuerten sie einen Ofen, um es warm zu haben. Sie verbrauchten große Mengen an Feuerholz in dem ansonsten ungeheizten Haus, das noch dazu schlecht isoliert war und nur einfach verglaste Fenster besaß. So machten sie im Winter die Erfahrung der sogenannten Eisbeinhäuser mit heißem Kopf und kalten Füßen in ihrem Wohnzimmer, mit dem großen Ofen, der ordentlich gefüllt werden musste, wenn am nächsten Morgen noch etwas Wärme im Raum sein sollte.

Auf solche Art auf ein einfaches und entschleunigtes Leben zurückgeworfen, noch lange bevor diese Begriffe modern wurden, lebten sie von Luft und Liebe. Sie studierten die Grundlagen der Wirtschaft, verdienten hin und wieder Geld und freuten sich ihres Lebens. Viele Menschen waren fasziniert von ihrem einfachen Leben im idyllischen Umfeld mitten in Wald und Flur und dennoch nahe an ihren Eltern, Freunden und Kommilitonen: die sie immer wieder gern zu Besuch hatten und die ihren Einladungen gern folgten. Elli war eine begnadete Köchin und Gastgeberin, die es verstand, einen kleinen Anlass zu einem Erlebnis aus Genuss und Wohlfühlatmosphäre zu machen.

Wenn Chris dann noch in der Abenddämmerung das Lagerfeuer entzündete und ihre Gäste rundum saßen und hinein schauten, endeten die Begegnungen nicht selten erst tief in der Nacht. Nicht ohne dass davor tiefe, weise und auch heitere Gedanken über Gott und die Welt die Runde machten und den Genuss an leiblichem Wohl vervollkommneten.

Das Sommerhalbjahr, in dem das Leben draußen stattfinden konnte und nicht an die kleine Studentenbude gebunden war, wurde zum Mittelpunkt der sozialen Aktivitäten, während das Winterhalbjahr mehr dem Studieren gewidmet war. Was für Chris bald schon die Bauingenieursthemen einschließen sollte, die für die Sanierung des Ensembles in Eigenleistung erforderlich waren.

Bevor dieses große Projekt jedoch losgehen konnte, vergingen noch einige Semester, in denen Chris und Elli ihr Studentenleben unbelastet genossen. Sie experimentierten im großen Garten mit Öko-Anbau. Säten Salat, Radieschen, Möhren, Senf, Lupinen, Mittagsblumen und Bienenweide. Sie pflanzten Zwiebeln, Kohlraben, Spitzkohl, Wirsing, Gurken, Kartoffeln, Stauden, Johannisbeeren und Flieder sowie

Kirsch-, Apfel- und zwei Eichbäume. Das Paar mulchte den Boden mit Grasschnitt statt zu hacken und setzte Brennnessel-Jauche an, statt Dünger zu kaufen. Auch brachten sie symbiotische Pflanzenfamilien zueinander, statt in Reih und Glied zu kultivieren. Schließlich ernteten sie reichlich aus ihrem blühenden, sprießenden und übervoll lebendigen Garten, dass es für alle eine helle Freude war.

Chris, Elli und ihr idyllisches Landleben wurden zum Inbegriff eines kleinen Aussteigertums, im richtigen Leben anfassbar normaler Leute, die sich ihre Freiheit nehmen, ihr Leben so zu leben, wie sie es selbst für sich wollen und können, ohne Rücksicht auf Konventionen.

Mit wilder Ehe, müßigem Studentenleben, rückständigem Komfort, billigem Altauto und einfacher Kleidung wären sie vor nicht allzu langer Zeit als Randerscheinung der Gesellschaft wenig angesehen gewesen. Jetzt waren sie Vorreiter einer Neubesinnung für gesellschaftliches Zusammenleben, mentale Stärke und nicht verklemmte Individualität.

VERRÜCKTE WELT

Der Krach war ohrenbetäubend. Mitten im Birkenwald. Kam er immer wieder rasant näher. Huschte vorbei. Und verschwand hinter den Bäumen. Es war ein tierisch lautes Spektakel mitten in der Natur. Aus den Trabbis, Skodas und Moskwitschs wurde das Äußerste rausgeholt, und sie lieferten sich einen beeindruckenden Kampf um die ersten Plätze.

Die Rally fand mitten im Wald statt, ohne dass nennenswerte Sicherheitsvorkehrungen zu erkennen waren. Chris' jüngster Cousin Kai hatte sie mitgenommen in den sächsischen Birkenwald - Chris, Elli und zwei ihrer Kommilitonen, Eve und John, die beide den real existierenden Sozialismus unbedingt live erleben wollten. Bevor er sich erledigt haben würde, was kurz bevor es geschah, dennoch ernsthaft niemand erwartete, selbst als die Montagsdemos in Leipzig schon hunderttausende Menschen zusammenführten. Zuviel hatte man schon gesehen an menschenverachtendem Machterhalt, zum Beispiel im Prager Frühling und dauerhaft seit Befestigung und Militarisierung der innerdeutschen Grenze.

Beim grenzüberschreitenden Fachsimpeln über Systeme, Autos, Musik und Kultur war die Welt jedenfalls erstaunlich in Ordnung. Chris rückte dabei unerwartet ins Zentrum des Interesses ob seines asiatischen Minibusses, den er mit Elli zusammen als Studentenauto besaß. So etwas hatten die Ostspezialisten für Rallyetuning noch nicht gesehen. Siebzig PS aus einem Liter Hubraum. Obenliegende Nockenwelle mit Zahnriemenantrieb. Fünfganggetriebe mit Allradantrieb. Zwei Kubikmeter Ladevolumen oder sechs Sitze oder ein passables Doppelbett, alles variabel in Sekunden einstellbar. Und das alles auf nur dreieinhalb Metern Länge.

Ohne Tuning hatte Chris‘ Minibus mehr technische Finessen als alle Autos der Rallyepiloten zusammen. Sie umringten Chris vor, während und nach ihrer Rennrunden und löcherten ihn mit Fragen. Sie staunten nicht schlecht, als sie den kompakt unter der Ladefläche ungewöhnlich verbauten Heckmotor inspizierten.

Für Probefahrten Offroad hatte der Minibus mit seinen kleinen Rädern zu wenig Bodenfreiheit, aber für Feld- und Waldwege reichte sie. So führte Chris stolz westliche Technik vor, im vermeintlichen Arbeiter- und Bauernstaat des Ostens.

Demgegenüber waren es fernöstliche Technik und im Westen von Marx und Engels gesellschaftsfähig gemachte Ideen, die sich hier als Technik und Menschen gegenüberstanden. Was dem Ausklang dieses lustigen, PS strotzenden und bierseligen Samstagnachmittags keinerlei Abbruch tat und sogar eine gewisse Würze einbrachte.

Elli war zum wiederholten Mal mit Chris bei seinen östlichen Verwandten und lernte seine herzensgute Großmutter kennen und lieben. Sein Großvater war schon gestorben, just an dem Tag, als Elli und Chris sich erstmals als Paar auf einer Party zeigten.

Die Zusammenkünfte zu Familienfeiern waren wegen der gehassten Grenze sehr einseitig gewesen. Chris‘ Großmutter durfte zwar als Rentnerin ihre Verwandten im Westen besuchen. Die Zusammenkunft der ganzen Familie musste aber stets bei Großmutter im Osten stattfinden, wovon die Wessis fleißig, nun auch in nächster Generation, Gebrauch machten. Die Party zu Großmutters 75. Geburtstag wurde so zu einem Highlight in der Familiengeschichte, nur kurze Zeit vor dem Fall der Mauer.

Den Mauerfall erlebte Chris am Fernseher in seiner und Elis Studentenbude mit, was ihm die Luft nahm vor Freudentränen. Ihm wurde bewusst, wie tief ihm die Zerrissenheit seiner Familie selbst in der Seele lag. Er erkannte, dass das Schicksal und Gefühl Millionen von Menschen teilten, als sich wildfremde Leute reihenweise um den Hals fielen und sich gegenseitig reichlich beschenkten, indem nicht nur Sekt und Selters in Strömen flossen.

Auch Chris' Verwandte nutzten die neue Reisegelegenheit eifrig und hatten schlicht viel zu tun mit ihrem persönlichen Aufbau Ost, der ihnen kaum Zeit für die Familie im Westen finden ließ. Was Chris bei seinen Ostbesuchen stets so sehr gefallen hatte war, dass sie einfach Zeit füreinander hatten. Mit der Grenzöffnung schien dies für alle Zeit vorbei zu sein.

Ein einziges Mal besuchte die Ostfamilie ihre Westverwandtschaft anlässlich des fünfzigsten Geburtstages von Chris' Mutter. Danach ging aus der Familie jeder seines eigenen Weges.

Paradoxerweise hatte die abartige Grenze Chris' Familie stets zusammengeführt, wenn auch einseitig. Und nach der Öffnung der Grenze, als die Möglichkeit des gegenseitigen Besuches endlich jederzeit da war, passierte es nicht mehr. Die Beerdigung von Chris' Großmutter war die letzte Gelegenheit, zu der sich die gesamte Familie gemeinsam noch einmal zusammenfand. Und so wuchs nicht zusammen, wer zusammengehörte, sondern es bleibt getrennt, wer voneinander getrennt lebt.

ERWACHSEN SEIN

Der Mensch wird, was er wird, durch die Sache, die er zu der seinen macht.

Karl Jaspers
1883 - 1969

Chris‘ Studium verzögerte sich zum ersten Mal wegen eines nicht studienrelevanten Projektes. Streng genommen war es Chris‘ erstes eigenständiges unternehmerisches Projekt. Insofern war es eine große Bereicherung für sein Studium und für seine wirtschaftswissenschaftliche Kompetenz, was sich ihm selbst zunächst am wenigsten erschloss.

Das gesamte Gebäudeensemble sollte erhalten und kernsaniert werden. Der übliche moderne Komfort sollte mit einziehen, aber die zwei bis drei Jahrhunderte alte Substanz sollte originalgetreu erhalten und wo nötig wieder hergestellt werden. Die Ästhetik der Wohnungen sollte der alten Substanz gemäß mit original natürlichen Baustoffen ausgestattet werden und einen authentischen Eindruck der historischen Substanz machen, ohne Mangel an modernem Komfort.

Insofern hatte Chris die Zutaten für seine erste Unternehmung beieinander. Er hatte eine klare Vision für das gesamte Ensemble, die ein weiteres Jahrhundert Bestand versprach, wenn nicht sogar mehr. Er hatte eine klare Strategie, indem er die Bauabschnitte und technischen Anforderungen definierte und er hatte einen Masterplan, für den er die jeweiligen operativen Zutaten organisierte.

Ellis Eltern hatten sich für den neuen Lebensmittelpunkt ihrer Tochter und ihren alternativen Lebensentwurf mit Chris begeistert. Daher steuerten sie ihre kaufmännische Erfahrung mit dazu. So ergab sich ein urwüchsig entstandener Deal zwischen beiden Generationen dergestalt, dass Chris das Know-how und die Arbeit für das Sanierungsprojekt beisteuerte und Ellis Eltern die Finanzierung des benötigten Materials und des notwendigen Budgets. Ohne dass dies jemals vertraglich vereinbart wurde, funktionierte es prächtig und zeigte deutlich sichtbare Erfolge.

Doch es gab zwei Herausforderungen für Chris. Er besaß genügend handwerkliches Geschick, um sich die verschiedenen Gewerke am Bau selbst zuzutrauen. Einiges würde er allerdings noch schnell dazulernen müssen, weil er sich noch nie konkret um elektrische Schaltungen, Wasser- und Abwassersysteme, Heizungs- und Sanitärtechnik gekümmert hatte.

Es gab einen weiteren Punkt, der immer klarer wurde. Ein Gebäudeensemble aus dem achtzehnten Jahrhundert war nicht für die modernen Wohnanforderungen gebaut worden. Weder Badezimmer mit den außerordentlichen, dauernden Feuchtebelastungen noch dauerbeheizte Räume im Winter im gesamten Haus, waren damals Anforderungen gewesen. Zudem sollte das schmucke Fachwerk teilweise wieder sichtbar werden, was kritische Anforderungen an die Außenfassade stellte, die nicht leicht zu realisieren waren.

In einem entscheidenden Punkt verfügte Chris jedenfalls von Beginn an über alle notwendigen Ressourcen. Aus seiner Familie und seinem Freundeskreis waren genügend Helfer verfügbar und motiviert, um den ehrgeizigen Plan mitumzusetzen.

So widmete sich Chris zunächst der Bauphysik, um das richtige Material und die passende Dimensionierung zusammen zu stellen. Am Ende arbeitete er über zwei Sommersemester praktisch ausschließlich am Projekt und ließ sich, wo immer nötig, von Helfern unterstützen.

Der neuralgische Punkt war die Wärmedämmung des Hauses. Die Fachwerkfassade, die an den wetterabgewandten Nord- und Ostseiten wieder sichtbar werden sollte, konnte nicht von außen gedämmt werden, ohne die Sicht auf das

Fachwerk zu verbauen. Sie durfte auch nicht von innen isoliert werden, um die lebendige Wand aus Eichengebälk und Ausfachung nicht zu gefährden.

„Eine Isolierung von innen ist wie ein Pullover unter der Haut“, so klärte ein befreundeter Architekt Chris auf. „Das bedeutet, die Wand außerhalb der Innenisolierung wird dadurch kälter und der Taupunkt für Feuchtigkeit, die durch die Wand nach außen will, wird nach innen verlagert. Die Wand wird viel eher nass und das Fachwerk beginnt zu verrotten.“ Das war ein mehr als deutlicher Expertenrat gewesen.

Zwei Kernaufgaben für den Aufbau der Fachwerkwand hatte Chris nach dem Rat des Architekten und nach eifrigem Studium von Fachliteratur identifiziert. Der Wandaufbau musste durchgängig kapillar sein, also entstehende Feuchtigkeit selbsttätig nach außen transportieren. Und das verwendete Material musste homogene Wärmedurchgangswerte haben, um Taupunkte in der Wand zu vermeiden und einen homogenen Temperaturverlauf in der Wand zu gewährleisten.

Bei der alten Lehmausfachung war beides gegeben, aber nicht mehr überall vorhanden oder rekonstruierbar. Chris wählte einen Materialmix aus hochwärmedämmenden Ziegeln, die mit reichlich Wärmedämmmörtel verbaut wurden und von außen und innen einen Wärmedämmputz erhielten, womit alle Anforderungen erfüllt werden konnten.

Die Sichtseite der Fachwerkfassade kam so mit einer Wandstärke von nur 20 Zentimetern auf einen einheitlichen Wärmedurchgangswert, wie beim Eichenholz des Gebälks, von 0,2 Watt, also auf einen Energieverbrauch von 30 Watt pro Quadratmeter Wandfläche bei minus 10 Grad Celsius draußen und 20 Grad drinnen. Das entsprach nicht der neuesten Wärmeschutzverordnung, war aber besser als bei den allermeisten Bauten, die nach dem Krieg errichtet wurden.

Eine besondere Herausforderung stellten die Fenster dar, die noch im alten Schmuck mit mehreren Sprossenflügeln im Kern intakt waren, aber modernen Anforderungen nicht gerecht wurden. Auch hier fand Chris eine besondere Lösung, weil er und Elli die alten Fenster, deren Flügel nach außen öffneten, unbedingt erhalten wollten. Sie statteten die Flügel mit leichten Isolierscheiben aus und setzten zusätzlich isolierte Winterfenster als Schlagläden ein, die im Winter den Energieverbrauch deutlich senken. Mit dieser Lösung der saisonalen Kastenfenster kamen sie tatsächlich an die Anforderung der neuesten Wärmeschutzverordnung heran.

Da die restliche Gebäudehülle an den Wetterseiten im Westen und Süden mit Außendämmung und Schieferung versehen wurden und die Dächer später mit einer Außendämmung neu eingedeckt werden sollten, ergaben sich hier keine weiteren Kompromisse gegenüber Neubauten. Lediglich die nicht unterkellerten Bereiche mussten mit Rücksicht auf die Stehhöhe in den Türen mit geringer Dämmung auskommen, was glücklicherweise nur Küche, Dielen und Vorratsräume betraf und insofern den Komfort nicht beeinträchtigte.

Eine besondere Herausforderung ergab sich noch für die Beheizung des Objektes. Um die bauphysikalische Haltbarkeit der Fachwerkaußenwände nicht zu gefährden, entschied sich Chris für eine Fußleistenheizung. Im Prinzip besteht sie aus einem Wasserrohr, das entlang der Außenwand des Gebäudes auf jeder Etage verläuft, auf dem Aluminiumlamellen zur Wärmeabgabe angebracht sind und das von Heizungswasser durchströmt wird. In Verbindung mit einer speziellen Verkleidung wird die ausströmende Heizungsluft an der

Wand entlang nach oben geführt und so die gesamte Oberfläche der Außenwand erwärmt, mit zwei eindrucksvollen Effekten. Zum einen wirkt die Heizung über die Infrarotstrahlung der erwärmten Wand und reduziert so die nötige Zimmertemperatur für ein Wohlfühlklima, ähnlich einer Fußbodenheizung. Zum anderen trocknet der Wärmestrom die Wand systematisch aus und optimiert so die Wärmeisolierung, die bei Feuchtigkeit deutlich schlechter ist und verbessert so nebenbei die Haltbarkeit des Holzfachwerks nachhaltig, trotz Zentralheizung.

Für das Sommerhalbjahr sorgte Chris dafür, dass die Heizung komplett abgeschaltet bleiben konnte, weil ein Holzofen an zentraler Stelle bei Bedarf für Heimeligkeit sorgte.

Während zu jener Zeit noch mehr alte Fachwerkhäuser abgerissen als saniert wurden, hatte Chris etliche kluge Lösungen für den Erhalt und die Modernisierung alter Bausubstanz für sich und Elli parat, die dem Ensemble eine besondere Wertigkeit nebst Wohn- und Lebensqualität erschlossen und das idyllische Umfeld des Objektes faszinierend ergänzten.

Da Chris sich die meisten Gewerke selbst aneignete, entfiel der sonst übliche komplexe und nervige organisatorische Aufwand für die Koordination der Handwerker. Das reduzierte die Projektdauer ungemein:

Er mauerte und verputzte.

Er betonierte und verflieste.

Er zimmerte und schreinerte.

Er zog Strippen und verlegte Rohre.

Er verklemmte Schaltungen und verlötete Rohre.

Er beizte ab und lackierte.

Er bestellte den Flüssiggastank und die Gastherme.

Er installierte Küche und Bad.

Wo immer möglich und nötig, ließ er sich von Familie und Freunden helfen. Die gern und fleißig kamen, nicht wegen der Mühen in Chris' Projekt, sondern weil Elli sie stets mit Festmählern versorgte, die sie alle Mühen vergessen ließen und nach getaner Arbeit nicht selten nahtlos in den gemütlichen Teil mit nochmaliger Bewirtung, Getränken und Lagerfeuer übergehen ließen.

So kam es, dass Chris und Elli schon nach drei Semestern in ihre kernsanierte neue Wohnung umziehen konnten und ihre Studentenbude weit vor Ende ihres Studiums verließen. Wieder waren sie selig. Ihr Paradies auf Erden, ihre Liebe zu einander, hatte eine äußere Entsprechung erhalten und zeigte zwei Dinge zugleich: Das hohe Niveau, das sie herzustellen in der Lage waren auf der einen Seite des Hauses. Und sprichwörtlich auf der anderen Seite, gleich nebenan, die unrenovierte Haushälfte aus Stall und ehemaliger Studentenbude, das ungenutzte und unrenovierte Dachgeschoss und die ungenutzten Nebengebäude.

Was störte sie es. Sie lebten schon jetzt ihren Traum, in ihrem Traumhaus in Traumlage.

GRÜNDLICHES STUDIUM

Und wieder trat ein großes Glück in Chris‘ Leben in Person von Basti, Dozent für Betriebswirtschaftslehre. Allein sein erster Auftritt in der BWL-Veranstaltung im Grundstudium sprach Bände. Der Seminarraum war zum Bersten gefüllt. Alle Stühle, Tische und auch der Fußboden waren Sitzgelegenheiten für die Vielzahl der Studierenden.

Ein einziger Stuhl war aus Respekt für den Dozenten frei geblieben. Und dieser Stuhl wurde von einem kleinen zappelnden Männlein konsequent angepeilt und in Beschlag genommen. Allein diese Erstbegegnung mit Basti zeigte seine ganze Ungewöhnlichkeit. Einige bedrängten ihn höflich aber bestimmt, er möge den Stuhl räumen, sie erwarteten ihren Professor. Auch Chris wurde Opfer seiner Vorurteile und sah es so, hielt sich aber zurück.

Und dann die erste Vorstellung.

„Ohnesinn.“

Es war kaum zu vernehmen. Dann noch einmal.

„Ohnesinn.“

Auch wenn der Saal ruhiger geworden war, war es immer noch kaum zu verstehen. Und vor allem auch nicht zu glauben. Ohnesinn?!

„Ich heiße Ohnesinn und bin euer Dozent.“

Es war wie ein Plot aus der versteckten Kamera. Wollte er sie für dumm verkaufen? Lief da gerade ein wissenschaftliches Experiment mit ihnen als Probanden? Was war hier los?

Bastis Sprache war aufgrund einer spastischen Lähmung zunächst kaum zu verstehen. Aus demselben Grund war er schlecht zu Fuß und musste sich stets mühevoll vom und zum Platz bewegen. Was nicht wenige dazu verleitete, anzunehmen, es mit einem Trottel zu tun zu haben, warum Etliche glaubten, sich im falschen Film zu befinden und den Hörsaal verließen. Was es den Verbliebenen ermöglichte, bei Basti von der ersten Stunde an genügend Platz zu haben und bei ihm eine akademische Grundsituation vorzufinden, die echtes Studieren ermöglichte.

Fasziniert von der soeben erlebten Kennenlernsituation, überraschte Basti die Anwesenden weiter. Er machte eine Vorstellungsrunde, was diejenigen, die anonym bleiben wollten, auch noch das Weite suchen ließ. Dann schlug er vor, zum Du zu wechseln, was damals eine echte Hierarchieverletzung war. Schließlich begann er, sein Fachverständnis auszubreiten, was eine ungeheure Tiefe und Breite seines Geistes offenbarte, die noch keiner der Studierenden bei BWL-Dozenten zuvor erlebt hatte. Abgesehen davon, dass Bastis gehandicapte Aussprache es anfänglich schwer machte, ihm akustisch zu folgen, sollte es viele Semester andauern, um ihm intellektuell zu folgen. Und Chris halfen sein Vermögen, zu lauschen, in Verbindung mit seinem Elefantengedächtnis, seine Fragen mit Bastis Hilfe sukzessive zu beantworten, wegen denen er das Wirtschaftsstudium gewählt hatte.

Basti war als Spross einer Unternehmerfamilie aufgewachsen, die Maschinen für einen Wirtschaftsbereich herstellte und selbst mit ihrem Unternehmen im Strukturwandel steckte.

Aufgrund seiner spastischen Lähmung stand er anfangs in Verdacht, auch geistig möglicherweise nicht ganz gesund zu sein. So hatte er, als Chris ihn kennenlernte, ein beeindruckendes Pensum an Persönlichkeitsentwicklung hinter sich, bestehend aus langjähriger Bewegungstherapie und zeitweise auch Psychotherapie, um den gesellschaftlichen Anforderungen an Beweglichkeit zu entsprechen und auch die

Wahrnehmung von öffentlichen Rollen zu bewältigen. Was ihn unglaublich erfahren darin machte, jeden Selbstbetrug und jede verrückte gesellschaftliche Konvention zu erkennen und schonungslos zu entlarven, auch bei seinen Gesprächspartnern.

Geradezu phänomenal war Bastis breite und tiefe klassische Bildung, die er sich im süddeutschen Internat angeeignet und später im Elitestudium vertieft hatte. Chris sollte sie über Jahre fesseln.

Mit seiner Doktorarbeit verfolgte Basti sein Fachgebiet Betriebswirtschaftslehre bis zu den Anfangsgründen der kaufmännischen Wissenschaft im Mittelalter, beim Universalgelehrten Ludovici. Er entdeckte den Zusammenhang von Ökonomie und Philosophie, der von einem Kollegen in dessen Doktorarbeit später herausgearbeitet wurde und bis zu den Wurzeln der abendländischen Kultur reichte. Chris‘ Anknüpfungspunkt wurde die Sokratische Weisheit, die er schon früh selbst verinnerlicht hatte:

„Ich weiß, dass ich NICHT weiß.“

Dieses erste gesicherte Wissen der Menschheitsgeschichte sollte die wissenschaftliche Revolution ausrufen, die selbst düsterste Zeiten, wie das frühe Mittelalter, nicht aufhalten konnten. Und die in der Neuzeit mit der industriellen Revolution letztlich zu den Errungenschaften und Herausforderungen des Anthropozän weiterreifen sollte.

Basti verstand es, wie niemand sonst, in den Seminarstunden die gesamte Menschheitsgeschichte mit zeitgenössischen Fragen zu verbinden und seine eigenen frühen Erfahrungen mit Psychoanalyse und Therapien für die Persönlichkeitsentwicklung seiner Studierenden fruchtbar zu machen.

Betriebswirtschaftslehre zu studieren, ohne bei den sonst üblichen Oberflächlichkeiten stehen zu bleiben, wie bei den instrumentellen Teildisziplinen Finanzen, Personal, Organisation, Planung, Strategie und Führung war zu der Zeit einmalig und bildete einen kleinen Kreis von Eingeweihten heraus, die sich auch privat trafen, gemeinsame Bildungsreisen unternahmen und Feten feierten.

Chris erlebte mit seinem intellektuellen Mentor Basti ein sehr ursprüngliches Studieren an der Schnittmenge von Persönlichkeitsentwicklung, Erkenntnistheorie, Wirtschafts- und Theoriegeschichte, die ihm auch seine Fragen beantworteten:

Was ist Strukturwandel? Was Chris in der Landwirtschaft erlebt hatte: die großen Linien der Industriegeschichte machten obsolet, was sie gestern noch predigten.

Wie schafft man Rentabilität? Indem man ein Geschäftsmodell betreibt, das mehr Geld einbringt als es kostet, was in der Landwirtschaft nur noch mit großem Betriebswachstum oder Subventionen möglich war.

Was ist die Grundlage für eine nachhaltige Existenz? Eine zukunftsträchtige Branche, also nicht der Primärsektor der Landwirtschaft, sondern ab dem tertiären Sektor aufwärts in den Bereichen Handel, Dienstleistungen und Wissen.

Was bedeutet Kapital? Kapital umfasst Produktivkräfte und Anlagen jenseits des reinen Arbeitsvermögens, meist liegt dies nicht in den Händen von Arbeitenden.

Wie kann man seit Adam und Eva vermögenslos geblieben sein? Indem man es so macht, wie fast alle: man arbeitet, ohne Kapital zu erwirtschaften.

Was bedeutet Eigentum? Die Differenz aus Vermögenswerten und Fremdmitteln, üblicherweise großenteils ererbt.

Was war Chris‘ eigene Kernkompetenz? Sein theoretisches Wissen in besonderer Verbindung mit seinem praktischen

Können sowie sein zukünftiges Wissen und Können, das er Zeit seines Lebens noch zusätzlich würde aufbauen können.

Chris schloss sein Studium gut ab und seine Diplomarbeit bei Basti sogar herausragend.

Noch während Chris sich fragte, was er mit seinem Studium anfangen würde, wurde Basti schwer krank und verstarb kurze Zeit später mit nur 49 Jahren. Der Besuch der Beerdigung bei Bastis Familie im Süddeutschen beendete und besiegelte die fruchtbarste Zeit der persönlichen geistigen Reifung in Chris‘ Leben.

Chris verlor seinen Mentor und intellektuellen Inspirator und war beruflich wieder auf sich allein gestellt.

NEUES LEBEN

Als Chris und Elli ihre neue Wohnung bezogen, war ein Zimmer frei geblieben. Zwei Fenster des Zimmers zeigten in den üppigen Garten. Die Wände waren sonnengelb gestrichen. Der Fußboden bestand aus vollmassiven Holzdielen, die naturbelassen geölt und gewachst waren.

Es war allen klar, dass es sich um das künftige Kinderzimmer handeln sollte. Schon einige Zeit übte das junge Paar ohne Verhütung. Aber Kinder schienen eigenwillig zu sein und entgegen biologistischer Erkenntnisse nicht einfach zu entstehen, wenn der männliche Samen sich im weiblichen Unterleib auf den Weg macht.

Schließlich würde ja nicht nur ein Zellhaufen entstehen, der sich nach der Befruchtung der weiblichen Eizelle durch Eindringen des männlichen Samens in dieselbe durch Zellteilung ergeben würde und sich immer weiter teilte, bis ein neuer Mensch entstünde, der durch die DNA aus männlichen und weiblichen Anteilen der Eltern vorprogrammiert war.

Schließlich würde ja auch eine neue Seele geboren werden, die nach aktuellem Stand der Forschung noch kein Wissenschaftsteam jemals auffinden konnte. Und die es doch sein würde, die den neuen Menschen ausmachte. Die neue Seele schien sich Zeit lassen zu wollen und den Zeitpunkt auf geheimnisvolle Weise selbst mitzubestimmen, wann sie bereit wäre, auf die Welt zu kommen.

Chris und Elli warteten einfach, bis es für die neue Seele Zeit war, sich zu ihnen zu gesellen und das junge Paar sich ihren nächsten gemeinsamen Traum erfüllen konnte: Eltern zu werden.

Das neue Geschöpf ließ sich Zeit und schien zu wissen, wann die Zeit für es selber reif sein werde. Es wartete offenbar die Fertigstellung der Wohnung und Chris‘ Studienabschluss ab. Hingegen wartete es nicht, bis Elli ihr Diplom hatte, sondern gestand ihr zu, ihr Studium in Ruhe während der Stillzeit abzuschließen. Es wartete auch nicht, bis Chris seinen ersten richtigen Job annahm und Geld nach Hause brachte.

Es achtete dagegen sehr genau auf ganz andere Dinge und wollte wissen, ob seine künftigen Eltern bereit für es seien. Es wollte nicht nur empfangen werden, sondern geborgen sein. Es wollte nicht nur geboren werden, sondern herzlich willkommen geheißen sein, auf der Welt und sendete Testerfahrungen in die Welt seiner Eltern, denen sie sich würdig zeigen sollten.

Chris sollte es daran spüren, dass er sich zunehmend von kleinen Kindern umringt sah, die ihn, obwohl er ihnen wildfremd war, um dringende Hilfestellungen baten. Zum Beispiel den verlorenen Ball vom Nachbargrundstück wiederholen, den Schwimmring im Freibad vom Grund heraufholen oder einen ihrer Gefährten, der hingefallen war und sich das Knie aufgeschlagen hatte zu trösten, bis dessen Mutter zur Stelle war.

Elli merkte es daran, dass sie zunehmend von Schwangeren aus ihrem Freundeskreis umgeben war, dass die Zeit langsam reif wurde. Und immer noch wartete es ab, bis Chris und Elli ihre Kleinfamilie mit Ixi, ihrem Hundemischling bereicherten, der sie ihre ganze Fürsorgebereitschaft zeigten.

Eines Tages war es so weit, dass das neue Wesen sich Elli und Chris als seine Eltern aussuchte, ihnen im Campingurlaub am Meer gehörig Kinderlärm, von den Nachbarzelten her, dazu organisierte und so besonders zauberhafte Stunden, zu zweit in ihrem Zelt, umringt von vielfältigen Stimmen, bescherte. Beide hatten gespürt, dass diesmal etwas anders war.

Chris war sonnenklar, dass er nicht der unbeteiligte Samenspender und Versorger für Ellis Schwangerschaft sein wollte, die die Vätergenerationen vor ihm gewesen zu sein schienen. Er wollte die Reifung des kleinen Embryos in Ellis Bauch live miterleben und in jedem Fall auch bei der Geburt dabei sein.

Glücklicherweise sah Elli das auch so. So besuchten sie Geburtsvorbereitungskurse, richteten das Zimmer ein und gaben sich sehr viel Mühe mit der Namenswahl, die sie vorsichtshalber für beide Geschlechter wählten, weil sie dem kleinen Wesen das Risiko einer vorgeburtlichen Geschlechtsbestimmung nicht antun wollten. Nach dem Ultraschallbild zeigte sich anscheinend ein Junge mit fröhlichem Gesicht, weshalb sie fortan nur noch vom lachenden Chris sprachen.

Jedenfalls nahm sich das neue Wesen bis zu seiner Geburt Zeit, um sich als das zu erkennen zu geben, was es wirklich war. Die kleine Emmi war ein putzmunteres, kerngesundes Mädchen von 3.500 Gramm und bereicherte Ellis und Chris' Leben sehr.

Chris war selig, der Geburt beiwohnen zu dürfen. Elli ließ ihn nicht nur zusehen, sondern ihr fleißig beim Wegatmen der Wehen helfen. Sie hatten sich ein wohnlich eingerichtetes Geburtshaus ausgesucht und die damals noch üblichen Kreißsäle und deren kalte Technik mit gynäkologischem Bett unter OP Scheinwerfern mit grau gekachelten Wänden und Fußboden strikt ausgeschlossen.

Auch das nachgeburtliche Ritual unterstützte das heilige Geschehen von Emmis Geburt. Chris war es vorbehalten, die Nabelschnur nach der Geburt zu durchtrennen und Emmi zu baden, damit sie schnell ein Wiedererkennungsgefühl an das Fruchtwasser in ihrer Mutters Leib erleben würde. Danach wurde sie Elli auf ihren Bauch gelegt, damit sie den Herzschlag ihrer Mutter wiedererkennen würde und alsbald an Ellis Busen trinken konnte. Trotz der stundenlangen Anstrengungen, die Elli die natürliche Geburt ihrer Tochter abverlangt hatte, war die frisch entstandene Kleinfamilie selig.

Nach kurzer Erholung kam Elli nach Hause, und Chris trug Emmi über die Schwelle der Haustür, nicht ohne Ixi, ihre Hündin, zuvor an ihrer Windel schnuppern zu lassen, woraufhin diese beschloss, sie nachhaltig in ihrem Rudel zu dulden und alles für sie zu geben, sichtlich stolz ob der wichtigen Mission.

Rollo kam zufällig vorbei, selbst Vater von zwei älteren Kindern. Er hielt seinen Wagen an und beglückwünschte die junge Familie, sichtlich bewegt mit feuchten Augen, obwohl er im restlichen Leben sonst eher ein Raubein war. Rollo wurde zu einem der wichtigsten Nachbarn für Chris‘ junge Familie. Er half ihnen, aus seiner praktischen Lebenserfahrung, bei der Umsetzung weiterer Bauprojekte und wurde zu einem engen Freund der Familie.

Und Emmi bezog ihr Kinderzimmer, wo sie fortan abwechselnd von ihren Eltern gepflegt und gewickelt wurde, während das Stillen allein Elli vorbehalten bleiben musste, bis die Kleine sich auch anderer Nahrung zuwandte.

ECHTE BERUFUNG

War Chris nun doch im Ernst des Lebens angekommen? Zum ersten Mal überkamen ihn Gefühle von Angst und Missmut. Wie konnte er sich so fühlen, wenn er doch alles hatte, was er sich wünschte?

Aber so kam es. Chris hatte seine wichtigsten Lebensziele mit großem Nachdruck verfolgt und im zarten Alter von 28 Jahren erreicht. Er war frisch gebackener Diplom-Kaufmann, stolzer Besitzer einer Traumwohnung in Traumlage und hatte mit seiner Traumfrau Elli ihren wunderbaren Familienzuwachs Emmi bekommen. An alledem konnte nichts falsch sein.

Das Leben sagte zu Chris: „Willkommen in der Wirklichkeit!" So viel er auch schon gearbeitet hatte und erfolgreich gewesen war, so galt doch die moderne gesellschaftliche Konvention, die zu lernen er in seinem Studium hinreichend Gelegenheit hatte: Arbeit ist jede Tätigkeit FÜR ANDERE, in der Regel gegen Entgelt. Das war der Punkt. Er fühlte, dass sich etwas grundlegend geändert hatte. Er würde nicht so weiterleben können, wie bisher. Er würde sein Leben ändern müssen. Er würde endlich Geld verdienen müssen für seine junge, kleine Familie. Er würde das geliebte freie Leben, das er bisher hatte, aufgeben und sich zum willigen Werkzeug für andere machen müssen, um das zu erreichen.

Was ihm gehörig widerstrebte. Er war selbstständig und wollte, dass das so bleibt. Aber es war schon jetzt nicht mehr so. Alle Dinge hatten sich grundlegend geändert. Er war kein Student mehr, sondern Absolvent mit Diplom. Und er war kein selbst ernannter Baumeister mehr. Alles war fertig, perfekt. Jedenfalls im ersten Bauabschnitt. Und er war kein freier Mann mehr, sondern Familienvater mit Verantwortung für ihre neue Erdenbürgerin.

Auch Elli hatte sich verändert. Wenn sie bislang alles miteinander geteilt hatten, gerade in Geldsachen hatten beide immer fifty-fifty gemacht, so schien sie seit der Geburt zu drängeln, endlich seiner Verantwortung für Geld nachzukommen. Sie war schließlich in ihrer neuen Rolle als junge Mutter mit neuen Aufgaben ausgestattet und vorläufig ans Haus gebunden. Außerdem hatte sie ihr Studium noch abzuschließen.

So führte kein Weg daran vorbei, dass Chris aktiv wurde und sich einen Job suchte, um Geld zu verdienen. Das machte Gefühle von Angst und Unsicherheit aber auch von Trauer und Wehmut. Am liebsten hätte er seine Komfortzone gar nicht verlassen.

Am Zweitliebsten wollte er Geld verdienen, wenn es schon nötig war, mit etwas, wohinter er wirklich stehen konnte. So bewarb er sich nur halbherzig und nur auf wenige ausgefallene Stellen. Denn eigentlich wollte er weiter selbstständig sein und strebte eine Anstellung nicht wirklich an.

Etwas anderes arbeitete aber noch in ihm: ein Zielkonflikt, in dem er steckte und den er noch nicht wirklich verstanden hatte. Die private Seite war klar. Seine Familie stand für ihn wie der sprichwörtliche Fels in der Brandung und war über jeden Zweifel erhaben. Und für Ellis Beiträge an seiner Seite galt das allemal genauso. Selbst in Gelddingen. Sie kümmerte sich um ihren Lebensmittelpunkt und um alle Verpflichtungen, die mit Wohnung, Kind und Hund verbunden waren. Sie erhielt Elterngeld und ging zusätzlich jobben.

Bei seinen Schwiegereltern in der Handelsfirma hätte ihm die Türe vermutlich offen gestanden. Und Ellis Familie hätte das möglicherweise gern gesehen. Die Gelegenheit lag nahe, das Notwendige mit dem Nützlichen zu verbinden und die Lösung in der Familie zu finden.

Aber Chris widerstrebte dieser vordergründig leichte Weg. Das Kaufmannskontor mit den dort erforderlichen Verwaltungsarbeiten erschien ihm viel zu unattraktiv im Vergleich zu der lebendigen Vielfalt der Aufgaben, an denen er sich bisher beweisen konnte.

Und dann war da ja auch noch sein unternehmerisches Projekt, die Fortsetzung der Sanierung ihres Traumhauses. Für die würde er ein Vermögen verdienen müssen oder weiter genügend Zeit brauchen, um das Vorhaben weiter in Eigenleistung voran zu treiben. Das war in jedem Fall der sinnvollere Weg.

Der Hauptpunkt ergab sich aber aus der inhaltlichen Entfesselung seines wissenschaftlichen Interesses an seinem Fachgebiet Ökonomie, das er vor allem seinem Freund und Dozenten Basti zu verdanken hatte. Er wollte es Basti insofern nachtun und seinen Doktor machen: mit einer Theoriearbeit zu einer neuen Grundlegung der Betriebswirtschaftslehre, die der neuen Zeit entsprechen würde.

Und er wollte sich den Schneid vom sogenannten Ernst des Lebens immer noch nicht abkaufen lassen. Er nahm seinen Mut zusammen und kontaktierte den Dozenten, der ihn in seinem Studium am meisten beeindruckt hatte. Dieser nannte seine hoch philosophische, nicht leicht zu lesende und noch schwerer zu verstehende Doktorarbeit schlicht ‚Die simultane Geburt von Wirtschaft und Philosophie' und verteidigte sie vor seinen Gutachtern mit herausragendem Summa Cum Laude. Dann ging er den seltenen Königsweg der Philosophen und machte Karriere in der Industrie, blieb der Uni aber per Lehrauftrag verbunden, wo Chris ihn kennenlernte, ohne dass eine intensive Verbindung entstanden war.

Nachdem Chris ihn angerufen hatte, erhielt er tatsächlich die Einladung zum Gespräch, das ihm den nächsten großen Glücksgriff im Leben offenbarte:

„Was ich Ihnen jetzt sage, ist noch nicht für andere Ohren bestimmt. Ich werde voraussichtlich als Professor berufen werden und einen Mitarbeiter brauchen. Mit Ihren Kenntnissen, die Sie bei Basti erworben haben, bringen Sie alles mit, was ich brauche, um den Lehrstuhl grundsätzlich wissenschaftlicher und auf die Bedürfnisse der Industrie neu auszurichten, was mein ausdrücklicher Auftrag der Berufungskommission ist."

Professor Doktor Rose wurde berufen und Chris wurde sein Mitarbeiter. Für beide ging ein wichtiger Impuls für ihre jeweilige Karriere damit einher. Der Professor hatte parallel zu seiner Berufung ein Technologieunternehmen als Spin-Off gegründet und war von der Führungsebene in der Industrie auf die Lieferantenseite gewechselt.

Er sah sich in guter alter Tradition des antiken Philosophen Thales von Milet, der nicht nur den berühmten und nach ihm benannten Satz der Mathematik zur Schenkelberechnung bei Dreiecken entdeckt hatte, sondern sich auch damit brüstete, das philosophische Wissen könne zum Reichtumserwerb eingesetzt werden, der Philosoph strebe das nur nicht an. Was er seinen Skeptikern schlichtweg damit bewies, dass er nach philosophischer Erkenntnis einer bevorstehenden reichen Olivenernte flugs alle Ölmühlen anmietete und mit diesem Monopol einen großen Gewinn einstrich und so den Wert der Philosophie auch in wirtschaftlicher Hinsicht für die Nachwelt belegte.

Professor Rose war auf dem Weg, es ihm gleichzutun und baute sein Unternehmen im neuen Technologiebereich des

Internets und seinen neuen Lehrstuhl an der Universität zeitgleich auf.

„Wenn ich an der Uni bin, einschließlich Vor- und Nachbereitung der Veranstaltungen, ist Ihre Anwesenheit obligatorisch. Ansonsten haben Sie Ihre Ruhe."

Chris war auf seinem neuen Weg. Es gab zwar noch ein paar Schwierigkeiten aus dem Weg zu räumen. Aber was bedeutete das schon im Angesicht dessen, sich seinen Traum, selbst Doktor zu werden, erfüllen zu können.

Die Uni war 150 Kilometer von seinem Wohnort entfernt. Er besorgte sich ein autobahntaugliches Auto, das zum Assistentenbudget passte.

Die Stelle war nur Teilzeit und insofern schlecht bezahlt. Er konzentrierte die Arbeit, wie sein Prof verlangte, auf zwei Präsenztage pro Woche und hatte die Zeit, sein Bauprojekt weiterzuführen, was Ellis Familie zu schätzen wusste und weiter mitfinanzierte.

Chris beschäftigte sich mit den Ideen seines Profs, studierte dessen Schriften und diskutierte mit ihm, wann immer es dessen Zeit zuließ. Er stattete den Semesterapparat mit passenden Büchern für ihn aus, nahm die damals ersten Windows-Rechner für ihn in Betrieb und eignete sich selbst die Anwendung an. Bereitete seine Veranstaltungen vor. Begleitete ihn in dessen Vorlesungen und Seminare. Korrigierte und beurteilte für ihn Klausuren. Betreute für ihn Seminar- und Diplomarbeiten. Fand selbst Bewunderer unter den Studierenden, die ihn manchmal ‚Schatten' nannten und darüber feixten.

Chris forschte so, gewissermaßen ‚On The Job' an seinem eigenen Forschungsthema Kommunikation. Der Aspekt der Beratung interessierte ihn am meisten an der menschlichen Kommunikation. Die Macht der Sprache zur Anregung und

Änderung von Gedanken beim Gegenüber oder auch in Gruppen und Organisationen, spielte bislang in der Betriebswirtschaftslehre keine Rolle, obwohl die Industrie schon an künstlicher Intelligenz arbeitete: Dieses Unterfangen sollte allerdings noch eine ganze Generation im Entwicklungsstadium verbleiben, bis die Verbreitung von KI bahnbrechend wurde.

Während die Praxis in den Betrieben also längst immer mehr mit kommunikativen Prozessen beschäftigt war, fand das in die Betriebswirtschaftslehre bis dahin kaum Eingang. Je nach zeitgenössischem Umfeld wurde sie unterschiedlich theoretisch fundiert. Zunächst im Mittelalter, als Praxeologie mit einer Vielzahl von Handlungsempfehlungen nur zu einem Kompendium verdichtet, erhielt sie im zwanzigsten Jahrhundert erst ihr theoretisches Fundament.

Je nachdem ob die Perspektive aus Sicht des Eigentums des Privatunternehmers, aus Sicht der Kosten der betrieblichen Prozeduren, aus Sicht der Organisation menschlicher Zusammenarbeit, aus Sicht der Kapitaldisposition der Produktion, aus Sicht der Entscheidungsfindung in der Unternehmensführung oder aus Sicht des öffentlichen Interesses an der Unternehmung betrachtet wurde, ergaben sich bahnbrechende neue Erkenntnisse. Aber eine kommunikationsbasierte betriebswirtschaftliche Theorie lag bis dahin nicht vor: dieser Lücke widmete sich Chris als Forscher.

Chris analysierte den betriebswirtschaftlich zentralen Produktionsbegriff. Er zeigte auf, dass sich die Wirtschaft in ihren neuen Branchen zunehmend von technisch-organisatorischen Abläufen entfernte und sich kraftvoll in Richtung Kommunikationsdienste bewegte. Das war am beginnenden Internetzeitalter genauso zu erkennen, wie an der Zunahme der Arbeit am Menschen in den Bereichen Gesundheit,

Kultur und Bildung. Er ging deshalb so weit und taufte sein neues Fachgebiet innovativ: er sprach von der Beratungswirtschaftslehre, während seine wissenschaftliche Doktorarbeit im Themenbereich ‚Kommunikative Ökonomie' den Entwicklungsprozess dahingehend rekonstruierte, was Chris mit dem Untertitel ‚Entwicklungsschritte zu einer Beratungswirtschaftslehre' hervorhob.

Die Thesen, Methoden und Organisation von Forschung und Lehre des Lehrstuhls von Professor Rose waren in einem internationalen Maßstab so einzigartig, dass sich eine Mischung aus Akzeptanz und Reaktanz im Umfeld der Universität breit machte.

Auch Chris' Forschung stand in diesem Licht, und der Termin der Verteidigung seiner Doktorarbeit versetzte ihn unter entsprechenden Erwartungsdruck. Trotz Lampenfiebers war die Prüfung unter Anwesenheit des Rektors von deutlicher akademischer Nonchalance geprägt und Chris' Beiträge wurden höchst anerkennend gewürdigt. Sein Prof. verstand es ergänzend, wo nötig, auch akademische Finten zu parieren und setzte die Beurteilung seines Gutachtens im Gremium durch.

So erwarb sich Chris seine Namenserweiterung und wurde Dr. rer. pol. mit der besonderen Auszeichnung Summa Cum Laude.

Die folgende Fete unter Anwesenheit von Kollegen und Familie wurde rauschend, und Chris tanzte ausgelassen, unter anderem mit seiner inzwischen sechsjährigen Tochter Emmi. Während Elli endlich mit ihrer beider zweiten Tochter Angie schwanger war.

RICHTIGE GRÜNDUNG

Nach der Vorlesung Kommunikationsmanagement waren sie auf dem Rückweg zum Büro. Die Veranstaltung war gut besucht und erfolgreich verlaufen. Ein ganzer Saal voll aufmerksam Studierender hatte zum ersten Mal etwas von den drei Ebenen der Kommunikation gehört, wusste bis dahin nichts vom Zusammenhang der Begriffe Kommunion, Kommunismus und Kommunikation und staunte über neue Begriffe, wie persuasive Sprache und deren Gegenteil, was sie zum Teil mit beredtem Schweigen zeigten, aber auch interessiert nachfragen ließ.

Entsprechend gut gelaunt ging es zurück zum Lehrstuhlbüro. Sie stiegen gemeinsam ein, sinnierten jeder für sich immer noch über die Veranstaltung, standen lässig an die rückwärtige Wand gelehnt und blickten durch die geöffnete Aufzugtür in den Flur. In dem Moment, als sich die Türe zu schließen begann, huschte eine zierliche Studentin noch soeben hinein und gesellte sich zu ihnen.

Als die Tür geschlossen war, piepte es eindringlich und die Türe öffnete sich erneut. Die Studentin verließ den Aufzug, drehte sich um, sah den kaum besetzten Fahrstuhl und stieg wieder ein. Die Tür schloss sich, das Piepsen erschall erneut, die Tür ging wieder auf, die zierliche Studentin stieg aus, schüttelte ihren Kopf und zog von dannen. Die Aufzugtür schloss sich erneut, und der Aufzug kam endlich seiner Aufgabe nach und beförderte seine Fracht.

Sie blickten sich verstohlen an und schmunzelten. Chris sah auf die Bedientafel und zitierte: „12 Personen oder 800 kg.“

Die vier Männer im Aufzug konnten sich nicht mehr halten und prusteten los. Es war eine Szene, die für die versteckte Kamera getaugt hätte. So sehr belustigte das Kopfschütteln der jungen, zierlichen Studentin die vier Hünen im Aufzug, dass sie sich immer wieder vor Lachen kaum halten konnten:

„Habt ihr ihren Blick gesehen?“

„Und das Kopfschütteln!“

„Was wohl in ihr vorgegangen sein mag, als sie ausgestiegen war und in den freien Raum blickte?“

„Ob sie ihrer Waage künftig noch trauen wird?“

So feixten der Professor, Chris, der zweite Doktorand Georg und die studentische Aushilfskraft Matthias über die unfreiwillige Showeinlage. Die vier waren eben ein echtes Dreamteam. Nicht nur im Hörsaal sondern auch in Sachen Lebensfreude, wie soeben.

Sie verstanden es, die Lockerheit der Studienzeit beizubehalten und den Ernst des Lebens nicht zu nah an sich heranzulassen. Zugleich spornten sie sich gegenseitig zu einem zunehmend höheren intellektuellen Niveau an und begegneten jeder praktischen Frage mit dem Gefühl von Überlegenheit.

Nachdem Prof. Rose die schmale wirtschaftliche Substanz des Postens als Hochschullehrer durch sein Unternehmersein gelöst hatte, bot er seinem Team alle Freiheiten, dass sie die schwache Personalausstattung des Lehrstuhls mit freien Aufträgen aufbessern konnten und damit eine kontinuierliche und nachhaltige Zusammenarbeit möglich wurde.

Chris kümmerte sich mit Georg um öffentlich geförderte Projekte zum Transformationsprozess in der russischen Bildungslandschaft, nach dem Zerfall der Sowjetunion, nachdem ein Professor aus dem Moskauer Umland den langen Weg zu ihnen mit Bus und Bahn auf sich genommen hatte.

Und er kümmerte sich mit Matthias um den Aufbau der Kooperation mit einem regionalen Bildungsträger, der sein neues Geschäftsfeld, im Bereich akademisches Training für

Führungskräfte, unbedingt mit ihnen gemeinsam aufbauen wollte. Beide Bereiche waren nicht nur willkommene Ergänzungen zu den damals sehr knappen wissenschaftlichen Budgets, sondern boten auch interessante Forschungsförderung für den Praxistransfer.

Im Bereich der Erwachsenenbildung machte Chris eine wichtige Entdeckung, die er für den Rest seines Lebens nicht vergessen sollte. Anders als die Studierenden im Hörsaal waren die Manager in der Weiterbildung hoch anspruchsvoll, was ihr Weiterkommen anging.

Während die Studis sich der barocken Logik des Curriculums und der autoritären Macht der Professoren schlicht unterwarfen, wollten die Praktiker etwas sehen und erleben für ihr Geld. Wenn Frontalunterricht auch an der Uni schon lange nicht mehr auf der Höhe der Zeit gewesen war, war diese Methode in der Erwachsenenbildung, zumindest bei Selbstzahlern, längst obsolet, wenn man den Auftrag behalten wollte. Chris wusste, dass er die Inhalte ohne Abstriche rüberbringen musste, wenn die Teilnehmer ihr Pensum mitnehmen sollten. Er wusste aber auch, dass das durch reines Zuhören Lassen nicht gehen würde.

Er setzte auf eine Methode, die die Leute aus ihren Betrieben kannten und ließ sie einfach selbst arbeiten. Damit Pfeffer in die Sache kam und nicht mehr er im Zentrum der Beurteilung der Leute stand, sondern sie miteinander im Wettbewerb, schaffte er drei bis vier Arbeitsgruppen, fütterte sie mit dem Material, aus dem er sonst selbst seinen Vortrag machte und gab ihnen begrenzte Zeit für die Ausarbeitung ihres eigenen Vortrages. Dann ließ er die Gruppen einander ihre Ergebnisse präsentieren und staunte beim ersten Mal über die ungeheure Akzeptanz, die seine Art zu lehren damit schlagartig bekommen hatte. Was sich mit allen Zielgruppen und Inhalten reproduzieren ließ. Anders als an der Uni war er nicht Vortragender, sondern Moderator der Diskussionen und Trainer für die Arbeitsgruppen, was von den Teilnehmenden dankbar aufgenommen wurde.

Parallel dazu erfuhr Chris immer wieder, wie kreativ Gruppen sein konnten. Kein Thema war ihnen zu schwierig. Jede fand eine für sich passende Lösung für die Präsentation, und der Lernerfolg übertrug sich bei allen Themen auf die anderen Gruppen mit, ohne dass alle Gruppen alle Themen verinnerlichen mussten.

Seit dieser Erfahrung war Chris auch außerhalb der Hochschule zum anerkannten Dozenten geworden, und er und seine Familie freuten sich über den Ertrag seines Nebenberufes.

Eine einschneidende Erfahrung zur Akzeptanz als Redner erlebte er auf einer großen Veranstaltung in Moskau, zu der er als Hauptredner geladen war. Sein Vortrag erfolgte in deutscher Sprache und wurde simultan übersetzt. Der Saal war mit 500 Managern aus ganz Russland besetzt, und die Kabinen der Dolmetscher waren weit entfernt ohne Blickkontakt.

Chris hatte seinen Vortrag gestartet und erzählte eine Anekdote zum Schmunzeln, als Eisbrecher, um sein Publikum für sich zu gewinnen. Die Pointe war draußen. Chris legte eine dramaturgische Pause ein, und es wurde Zeit, mit dem eigentlichen Thema zu beginnen.

Aber sein Publikum zeigte keinerlei Reaktion.

Weder Schmunzeln, noch Lachen.

Auch kein Kopfschütteln.

Oder Nicken.

Reine Nichtreaktion.

Wenn die die Pointe noch nicht einmal gefressen haben, verstehen die meinen Vortrag erst recht nicht. Da kann ich am besten gleich einpacken.

Chris packte nicht ein. Er war wieder einmal tapfer, sammelte sich und war gerade im Begriff, die Stimme zu erheben und seiner Aufgabe nachzukommen, da rührte sich etwas im Publikum.

Zuerst Geräusper.

Dann Raunen.

Dann erste Lacher.

Dann ein brodelnder Saal.

Und Applaus.

Chris war selig, hielt seinen Vortrag voller Freude und wurde begehrter Gesprächspartner der Konferenz.

Was war geschehen? Chris traf anschließend den Simultandolmetscher und lernte in ihm einen äußerst fähigen Mann kennen, der später von der obersten russischen Führung entdeckt und gebucht wurde. Er sagte zu Chris: „Da haben Sie mich arg ins Schwitzen gebracht. Ich habe Sie verstanden, weil ich schon ein wenig auf der Welt herumgekommen bin. Aber für meine Landsleute ist ihre Anekdote so weit von ihrem eigenen Erfahrungs- und Denkhorizont weg, dass ich Schwierigkeiten mit der Übersetzung hatte und mehrmals ansetzen musste.“

Sie lachten beide herzlich und freuten sich über die erfolgreiche gemeinsame Arbeit. Für Chris entstand wiederum eine sehr weit reichende Erkenntnis für seine eigene Weiterentwicklung, nachdem er immer davon ausgehen musste, dass das, was ihm selbst klar war, für Andere ohne Weiteres eine heftige mentale, intellektuelle oder ästhetische Herausforderung darstellen konnte. Wie natürlich auch umgekehrt.

So gingen die Jahre ins Land und das Dream Team um den Professor wuchs. Externe Seminare und interne Projekte wurden mehr. Unternehmensbesuche und Referenten aus der Praxis in den Veranstaltungen nahmen zu und die Geschäftsbasis für alle konsolidierte sich.

Chris widmete sich der Lehrstuhlentwicklung seines Profs ganze acht Jahre und schloss seine Mitarbeit bei Professor Rose erst, nachdem er für ihn noch ein Institut am Lehrstuhl als GmbH Geschäftsführer gegründet und aufgebaut hatte, das sich den Themen mittelständischer Unternehmen widmete, die damals im Hochschulkontext noch bei Weitem zu kurz gekommen waren.

Nach dem Motto Up Or Out für Karrieren im Konzernbereich wusste Chris, dass es für ihn im Umfeld seines Profs nichts mehr zu erreichen gab. Schließlich konzentrierte er sich auf seine eigene Institutsgründung, die er endlich im Wohnort seiner Familie ansiedeln konnte.

Sein Prof hatte es dem Thales von Milet nachgetan, sein Unternehmen mit ordentlichem Gewinn verkauft und hatte nun Zeit für andere Dinge im Leben, neben seiner Professur.

Georg wurde Chris‘ Nachfolger als Institutsgeschäftsführer, baute das Kooperationsgeschäft mit den Ex-Sowjetrepubliken aus und schloss seine eigene Promotion mit Auszeichnung ab.

Matthias blieb dem Bildungsbereich treu. Er schloss sein Studium nie ab und wurde anstelle dessen direkt erfolgreicher Unternehmer im Bereich Weiterbildung von Fach-, Führungs- und Nachwuchskräften mittelständischer Unternehmen.

Chris gründete sein eigenes Institut. Seine Kunden folgten ihm, und er erhielt Zuschläge für Förderprojekte, die ihm Planungssicherheit für die nächsten Jahre geben sollten.

Chris hatte dem Ernst des Lebens weiter erfolgreich seine Stirn geboten und konnte sich vorstellen, selbst noch den Schritt zum Professor zu machen. Als Innovationsberater für mittelständische Unternehmen tat er allerdings zu jener Zeit genau das, was er wollte und würde seine Expertise in diese Richtung weiter ausbauen.

Am Gründungstag seines eigenen Instituts geschah das Unvorstellbare. Sein Schwiegervater verstarb über Nacht. Er war nie ernsthaft krank gewesen. Und er war der Einzige, der wirklich wusste, was in seinem Handelsunternehmen vor sich ging.

TIEFER SCHOCK

Chris stand am offenen Grab seines Schwiegervaters. Elli und Emmi an seiner Seite, Angie auf seinem Arm. Seine Schwiegermutter stand bei Elli. Alle waren in Tränen aufgelöst, während sie die ungezählten Hände der vielen Leute schüttelten, die zur Beisetzung gekommen waren.

Alle waren sichtlich bewegt, ob der tragischen Situation, die durch den plötzlichen Tod seines Schwiegervaters entstanden war. Von der Lücke, die er gelassen hatte. Von der großen Aufgabe, die er hinterlassen hatte. Von den vielen Beziehungen, die er zurückgelassen hatte.

Seine Ehefrau und Mitinhaberin der Handelsfirma. Seine Tochter. Seine Enkelinnen. Seine Verwandten. Seine Freunde. Seine Mitarbeiter. Seine vielen Kunden. Und Lieferanten. Und seine Banken.

Chris hatte keine Tränen. Ihm blieb keine Zeit für Trauer.

In den wenigen Tagen zwischen Tod und Beisetzung hatte er pausenlos zu tun gehabt. Täglich wollten mehr Leute von ihm wissen, wie es weiter ginge.

Mit dem Unternehmen.

Und immer ging es um Geld. Um knappes oder nicht vorhandenes Geld. Unbezahlte Rechnungen. Überfällige Lohnzahlungen. Fehlende Lagerbestände. Säumige Aufträge.

Allmählich dämmerte Chris, von unerwarteter Seite, völlig unvorbereitet und ohne jedes Verschulden, nun doch noch vom Ernst des Lebens eingeholt worden zu sein, der ihm schlicht von hinten ein Bein stellte und ihn stürzen ließ.

Chris stürzte erneut. Aber nicht mit seinem Leib. Er stürzte über das Schicksal des plötzlichen Todes seines Schwiegervaters. Eines für ihn und seine Lieben wichtigen Menschen.

Und dessen ökonomische Substanz. Die für ihn und seine Familie bis dahin unbekannte Bedeutung bekommen hatte. Und die so zu seinem eigenen Schicksal wurde.

Chris hatte am Beispiel des Landwirtschaftsbetriebs seiner Eltern gelernt, was Eigentum bedeutete. Vor allem auch, was Nichteigentum bedeutete. Und war wie selbstverständlich davon ausgegangen, dass seine vielen Stunden Arbeit am Resthof, im Eigentum seines Schwiegervaters, gut angelegt waren.

Jetzt sollte sich herausstellen, dass er schon wieder Jahre seines Lebens fehlinvestiert hatte. Dummerweise. Denn das gesamte Erbe des Schwiegervaters ging an dessen Frau, seine Schwiegermutter. Und war hoch verschuldet. Alle Sicherheiten waren ausgeschöpft. Geld fehlte trotzdem an allen Ecken und Enden. Ihr Haus war davon nicht verschont geblieben. Was für ein Desaster. Was für ein Vertrauensbruch. Was für eine Scheiße!

Chris spürte, wie nie zuvor, die Wirkung von Macht. Und Ohnmacht. Ganz anders als zu seinen Kindheitszeiten bei Strenge oder Schlägen seiner Eltern. Auch anders als bei der Betriebsschließung der Landwirtschaft durch die Klinik, einer fremden unbekannten Macht.

Diesmal war das Gefühl von Macht und Ohnmacht viel massiver, obwohl es keinerlei körperliche oder persönliche Verwicklung gab. Alles war rein eine Sache von direkten Beziehungen.

Von Versprechungen. Von Verträgen. Für die der Verursacher selbst nicht mehr einstand. Nicht mehr einstehen konnte. Durch Ableben nicht mehr verantwortlich war. Unverantwortlich wurde. Enthaftet wurde. Entschuldet wurde.

Entschuldigt werden musste. Und von seinen Lieben notgedrungen entschuldigt wurde.

Obwohl Chris nicht der Erbe war und auch nicht seine Elli, rückte er dennoch ins Auge des Sturms. Ein perfekter Sturm. Auf den er nicht vorbereitet war. Auf den er weder durch Erziehung, noch durch Studium, noch durch eigene Erfahrungen vorbereitet wurde. In dem er sein gesamtes bisheriges Leben in Gefahr gebracht sah. In dem sich alle Augen auf ihn richteten, alle Erwartungen auf ihn stürzten und er sein Leben neu sortieren musste. Er musste sich selbst neu ausrichten, und alles würde anders sein als zuvor.

Die letzten Kondolenzbesucher hatten sich verabschiedet, und Chris‘ neues Leben begann. Für ihn. Und für seine Familie. Für die er nun noch mehr Verantwortung hatte. Die Familie war seine Hauptmotivation und Stütze, mit ihr musste er nun ganz neu anfangen.

Fortan sollte er auf lange Zeit mit Bauchschmerzen leben müssen, weil er sich gegen sein Gefühl entschieden hatte. Weil er einen großen Fehler machte. Indem er allen Erwartungen entsprach. Indem er seinen eigenen Fokus aus den Augen verlor. Indem er sein gesamtes bisheriges Leben zum Einsatz brachte. Indem er davon ausging, alles schaffen zu können. Wie bisher. Indem er Verantwortung übernahm für Verpflichtungen, die nie von ihm selbst ausgegangen waren. Indem er in Haftung ging für Verantwortungen, die mit seinem Leben bisher nichts zu tun hatten. Indem er Verträge erneuerte, die er nie geschlossen hatte.

Seine Schwiegermutter war bereit, ihm und Elli ihr Traumhaus zu überlassen, aber nur unter der Bedingung, dass sie im Gegenzug die Handelsfirma übernehmen würden und sie selbst unbeschadet ihren Ruhestand antreten dürfe. Das war der Deal, von den vielen Einzelheiten abgesehen. Und das war der Fehler.

Chris, Elli und ihre eigenen Kinder hatten nichts, aber auch gar nichts mit der Handelsfirma zu schaffen. Chris‘ berufliche Zukunft war vollständig außerhalb des Unternehmens abgesichert. Er war mit seiner Familie zwischenzeitlich wirtschaftlich in der Lage, seiner Schwiegermutter ihr Traumhaus in Traumlage abzukaufen und seinen Einsatz am Objekt damit für seine Familie nachhaltig zu sichern.

Aber der Preis dafür sollte nicht nur der Kaufpreis für das Haus sein, sondern zusätzlich die Übernahme der Handelsfirma. Und deren Weiterbetrieb.

Obwohl ein Wettbewerber kaufbereit schien, war es der Wunsch von Ellis Mutter, dass die Handelsfirma eine eigene Zukunft haben möge. Natürlich war das auch der Wunsch der beiden Prokuristen und der Belegschaft.

Wofür sie versprachen, dass die Handelsfirma eine rosige Zukunft haben werde. Wenn nur das eine Problem gelöst würde, das derzeit den Erfolg am meisten beeinträchtige.

Geld. Geld für die Auffüllung des Lagerbestandes. Geld für die Bezahlung offener Rechnungen. Geld für Investitionen in neue Technik.

Das Versprechen der Führungskräfte mit der Belegschaft, alles werde wieder gut, sobald genügend Geld organisiert sei, hatte den großen Nachteil für Chris, dass es erst eingelöst werden würde, nachdem er das Geld dafür besorgt und dazu alle Verträge unterschrieben haben würde. Dafür würde er dann alle Haftung und Sicherheiten bereitstellen müssen. Davon würde er nie mehr zurücktreten können, auch dann nicht, wenn das Versprechen nicht eingelöst werden würde.

Weshalb es ein Fehler wäre, das zu tun. Weil niemand aus der Mitarbeiterschaft ihm im Gegenzug zusichern konnte, dass das Unternehmen wieder florieren würde, wenn es wieder liquide wäre.

Chris tat es dennoch. Er hörte nicht auf seine Bauchschmerzen. Er zermarterte sich stattdessen den Kopf, wie es dennoch gehen könnte, die benötigte Menge an Geld zu organisieren und verhandelte fleißig in alle Richtungen, bis endlich alle Erwartungen tatsächlich erfüllt werden konnten.

Seine Schwiegermutter ging in den Ruhestand. Die Altschulden bei den Banken bezahlten sie durch den Verkauf von Immobilien. Die Führungskräfte erhielten das Geld zur Verfügung, um den Laden wieder flott zu machen. Und Elli und Chris behielten ihr Haus, das nun für das frische Geld in der Firma hoch verschuldet war.

Chris ging seinem Beruf in seinem eigenen Institut weiter nach und machte Innovationsberatung für mittelständische Unternehmen. Nicht zuletzt nun auch für seinen eigenen Laden, um den Nachlass seines Schwiegervaters wieder flott zu kriegen, der von den Führungskräften weiter gemanagt wurde. Was nicht zu gelingen schien. Trotz Computereinführung. Trotz digitaler Auftragsabwicklung mit viel weniger Personal. Trotz neuer Artikel. Trotz Verkauf über das Internet. Trotz stetig zunehmender Anstrengungen.

Weil es ein Fehler war. Weil das historisch gewachsene Geschäftsfeld kein Wachstumspotenzial mehr hatte. Weil Kunden sich inzwischen bei Baumärkten, Möbelhäusern und Onlinern eindecken konnten. Weil Wettbewerber größere Mengen einkaufen und günstiger anbieten konnten.

Kurz: weil es nie Chris‘ Business war und die Versprechungen der Führungskräfte nichts wert waren, auch wenn sie sich anscheinend zunächst selbst geglaubt hatten. Entsprechend wurden sie zunehmend selbst ratlos, machten aber immer weiter ihr Daily Business, das nicht, wie gewünscht, wieder florierte, sondern kollabierte.

Und Chris‘ Einsatz immer wieder forderte.

Und seine Bauchschmerzen vergrößerte.

Und seine Lebensenergie aufzehrte.

Und seine Beziehung belastete.

Und seine Familie bedrängte.

Bis auch Chris und Elli im Daily Business selbst tätig waren, in ihrem Pleiteladen, statt weiter in der Unternehmensberatung gutes Geld zu verdienen. Solange es ihnen immer wieder irgendwie gelang, Lösungen zu finden. Neue Geldprobleme zu lösen. Nochmals einige Wochen Zukunft zu organisieren. Immer wieder sich neu zu motivieren. Trotz der Schwierigkeiten. Trotz der Bauchschmerzen. Längst wissend, dass es ein Fehler war.

So wurden es fünf vergebliche Jahre, in denen sie tapfer gekämpft hatten. Zunächst mit Zuversicht und Erfolgen. Dann mit Schwierigkeiten und Problemlösungen. Dann mit Problemen ohne Lösungen.

Bis sie endlich für den Schritt bereit waren, um ihr Problem grundsätzlich anzugehen und zu lösen. Um das zu tun, was Chris‘ Schwiegervater hätte tun sollen, hätte selbst tun müssen und durch sein Verschwinden auf Erden nicht mehr zu tun in der Lage gewesen war.

Sie meldeten Insolvenz an und bekamen ihre Freiheit zurück. Die Freiheit von allen Verpflichtungen und Verträgen. Die Freiheit aber auch von allem Vermögen. Chris sollte wieder zu den Habenichtsen gehören.

Diesmal war das Wissen darum ein Gewinn. Eine Befreiung. Ein gutes Gefühl. Ohne Bauchschmerzen.

Endlich.
Endlich wieder.
Endlich waren sie wieder frei.

MACHT ERFAHREN

Alles »Es war« ist ein Bruchstück, ein Rätsel, ein grauser Zufall – bis der schaffende Wille dazu sagt: »aber so wollte ich es!«
(Also sprach Zarathustra)

Friedrich Nietzsche
1844 - 1900

WICHTIGER AUFTRAG

Eric hatte Chris in ein Sternerestaurant eingeladen. Chris erste Erfahrung mit diesem Luxus. Das Restaurant befand sich in einer alten Mühle am Rande der Mittelstadt, in der Erics Unternehmen seit fast einem Jahrhundert residierte. Am Eingang zur Mühle erfolgte die persönliche Begrüßung vom Chef de Cuisine.

Das Ambiente war historisch und einzigartig, ohne Allüren und Schnick-Schnack. Alles drehte sich ums Genießen. Äußerlichkeiten stellten den Wohlfühlrahmen, sollten aber nicht im Vordergrund stehen. Sie nahmen Platz im großen Rondell, in dem sich früher die Müllersleute verdingten, eine Zeitschleife in Chris' Leben, zu seinen Großeltern im Sudetenland vor Zeiten.

Eric bestellte für beide das Siebengänge Menü mit passender Weinbegleitung, und Chris genoss jeden Happen und jeden Schluck dieser besonderen Erfahrung. Ein kleiner Störfaktor in Gestalt eines älteren Herrn saß am Tisch gegenüber mit einer deutlich jüngeren Frau und hatte das dringende Bedürfnis, den gesamten Saal mit zu unterhalten, so dass es unmöglich war, seine Orderprozedur nicht mitzuerleben.

Er bestand auf Champagner, an sich nichts Besonderes im tollen Restaurant. Eine ganze Pulle sollte es sein. Aber er wollte den Schampus als Schorle. Ok, auch noch irgendwie nachvollziehbar. Aber seine Schorle war etwas Besonderes. Er wollte Schampus in Weizenbier und pries diese Kombination als Welterfindung. Interessante Blüten treibt der Geschmack, wenn Geld beginnt, keine Rolle mehr zu spielen, registrierte Chris.

Eric kannte Chris noch aus dessen Unizeiten. Eric war sichtlich stolz darauf gewesen, im Audimax als Selfmade

Unternehmer vor Studierenden aus seiner reichhaltigen Erfahrung sprechen zu dürfen. Chris und ihn verband eine Art Seelenverwandtschaft, obwohl sie ein Vierteljahrhundert Altersunterschied trennte. Eric stammte aus dem Schlesischen, und seine Familie hatte auch eine Fluchtgeschichte. Irgendwann erzählte er Chris, dass seine Mutter ihn bei der Arbeit auf dem Feld geboren hatte. Auch er war so auf besondere Art und Weise für die Höhen und Tiefen des Lebens vorbereitet. Außerdem verband sie die Liebe zu philosophischen Gesprächen über Gott und die Welt.

Erics Unternehmensgruppe war erfolgreich im Markt der Drucktechnik unterwegs, und bediente namhafte Kunden mit Kreativleistungen in der Konzeption und im Druck von werblichen Anzeigen. Chris staunte, dass er schon vor der Jahrtausendwende keinem Bild in der Werbung trauen durfte, weil es gefälscht war. Je besser es gefälscht war, umso ungefälschter erschien es.

Erics Unternehmen jonglierte hochkompetent mit der Wahrnehmung der Menschen und musste dazu solides Handwerk beherrschen. Das änderte sich grundlegend, als die Digitalisierung Einzug erhielt in seine Branche, noch vor allen anderen: digitale Text- und Bildbearbeitung am Bildschirm, digitaler Dateitransfer, Bilddatenbanken auch für nachträglich digitalisierte Objekte, vernetzte Arbeit mit Kreativabteilungen der Kunden und vieles mehr. Der Technologiewandel hatte das Unternehmen erhebliche Investitionen gekostet, und für Eric war das nicht die erste komplette Transformation.

Sein Vollblutunternehmertum hatte ihn auch die erste Ehe gekostet, und er war bereits am Beginn seiner Sechziger, als er mit Chris‘ Hilfe das Thema der Unternehmernachfolge anging. Diesem Zweck diente das First Class Dinner in der historischen Mühle. Die Zusammenarbeit der beiden lief schon eine Weile über ein Förderprojekt in Chris‘ eigenem Innovationsinstitut, bevor Chris‘ Schwiegervater gestorben war. Nun stand der Folgeauftrag an. Chris analysierte kurz und schonungslos. Eric hatte zwar sechs Kinder aus zwei Ehen, aber niemand hatte bisher Interesse an einer Nachfolge gezeigt. Zudem waren er und sein Compagnon beide Anfang Sechzig und die Zeit für einen Start bei null mit Familiennachfolgern, die lange in fremde Materie eingearbeitet werden mussten, war schon versäumt.

Das Unternehmen wurde zudem von vier qualifizierten Managern im Tagesgeschäft geführt, die Interesse zeigten, die Firma weiterzuführen. Chris schlug vor, diesen Jungs, aus seiner eigenen Erfahrung mit der Nachfolge, auf den Zahn zu fühlen und parallel dazu Wertgutachten zur Unternehmensgruppe anzufertigen, damit die vier Herren wissen würden, worum es in Sachen Übernahmegebot gehen würde.

Es wurde ein schöner Abend für die beiden, einschließlich der Einlage mit der Weizen-Schampus-Schorle, und Chris ging mit seinem ersten großen Unternehmensberatungsauftrag nach Hause. Dieser Auftrag unterstützte Chris‘ Familie, indem ihr Institut daraus den Lebensunterhalt seiner Familie sicherte und die Nachfolgeregelung für das Unternehmen von Chris‘ Schwiegervater entlastet wurde. Das Projekt lief danach in Richtung Ziel, auch die Bankenunterstützung schien gegeben.

Da geschah das Unerwartete. Erics ältester Sohn schlug als Retter für die Zukunft des Unternehmens auf. Die Mitarbeiter himmelten den Spross der Familie sofort an, und das Konzept der Nachfolge als Management-Buy-Out wurde

Makulatur. Chris führte die offenen Punkte zu Ende und zog sich aus der Beratung zurück.

Entgegen seines ausdrücklichen Rates musste Chris zusehen, wie Eric die Macht der Unternehmensführung an seinen Sohn übergab, ohne dass der sich mit einem Heller Kaufpreis beteiligen musste und ohne, dass er über Branchenwissen verfügte. Und das, nachdem Eric kurz zuvor einen Millionenbetrag als Kaufpreis von seinen langjährig vertrauten Führungskräften erwartet hatte, die er kurz zuvor noch als seine Nachfolger ansah.

Es kam, wie es kommen musste. Eric überließ seinem Sohn das freie Feld, und alle Mitarbeiter richteten sich wie Metallspäne auf den Magneten aus. Die langjährigen Führungskräfte, die sich dem wieder erschienenen, ehemals verlorenen Sohn nicht unterordneten, mussten gehen und ihr existenziell wichtiges Know-how, nebst ihrer Geschäftsverbindungen, gingen mit ihnen.

Es dauerte einige Jahre bis Eric seinen Fehler einsah und sich von seinem Sohn und dessen Führungsteam wieder trennte. Der Laden war zwischenzeitlich nicht mehr rentabel, die Wertvernichtung gigantisch. Und Eric war nochmals älter geworden.

Letztlich regelte er die Nachfolge mit Verlust auf private Kosten, erhielt einen Bruchteil des Wertes zur eigenen Alterssicherung, als zu Chris‘ Projektzeit in Anbahnung war. Eric verstarb relativ verarmt, nach langer schwerer Krankheit zurückgezogen, und Chris erfuhr davon erst post mortem.

Eine der prägendsten Unternehmerpersönlichkeiten für Chris stolperte über die Verwechslung von Familienbande und

Kapital und verschenkte Vertrauen, wo er Leistung mit Haftung einzufordern gehabt hätte.

GUTE CHANCE

Chris hatte ordentlich zu knacken. An seinem Pleiteerlebnis. Bisher hatte er alles geschafft, was er sich vorgenommen hatte. Bisher schien er doch weit gehend vom Glück verfolgt. Und erfolgsverwöhnt.

Bis auf seinen beinahe tödlichen Unfall.

Aus dem er etwas sehr Wesentliches für sich hatte lernen müssen.

Er ging nicht fürsorglich genug mit sich und seinem eigenen Leben um.

Er riskierte zu viel.

Er musste mühsam und sehr schmerzvoll lernen, auf sich selbst besser aufzupassen.

Das hatte er damals erkannt.

Deshalb hatte er sich geschworen, künftig zweimal hinzusehen.

Was ihn seitdem vor weiteren Blessuren bewahrt hatte. Es war nicht so, dass er direkt leiblich gestärkt aus der Situation hervorgegangen war. Im Gegenteil. Die hässlichen Narben, die seinen Unterschenkel seitdem kennzeichneten und die juckende Haut an der Stelle am Oberschenkel, an der die inkompetente Ärztin ihm gefühlt die Haut vom lebendigen Leib abgerissen hatte, waren Handicaps geblieben. Sein rechtes Bein brauchte seitdem früher Schonung als das gesunde linke. Außerdem lautete die Prognose der Ärzte, dass er früher oder später, vielleicht in seinen Fünfzigern, zunehmend Probleme mit dem Laufen haben werde.

Sein damaliges Glück bestand also mitnichten darin, dass alles wieder wie vorher werden würde, sondern darin, dass er seine Dummheit überlebt hatte. Dass er seine Möglichkeiten, sich wieder frei zu bewegen, wieder geschenkt bekommen hatte. Dass er bereit war, etwas für ihn sehr Wesentliches dazuzulernen. Dass er bereit war, sich mental grundlegend zu verändern.

Künftig würde er auf sich und sein Leben mehr Acht geben. Vorsichtshalber wollte er stets zweimal hinsehen, was ganz praktische Auswirkungen auf seinen Alltag hatte. Studium beenden. Familie gründen. Haus bauen. Im Straßenverkehr vorsichtiger sein. Den Wert auch seines eigenen Lebens mehr schätzen. Und es nicht leichtfertig verspielen.

Chris‘ Pleitesituation hatte etwas Ähnliches an sich. Auch hier würde er nicht ohne Blessuren davonkommen und für den Rest seines Lebens davon gezeichnet sein. Eine Pleite war nun mal in Deutschland kein Ausweis unternehmerischer Qualifikation. Im Gegenteil. Sie war eher der Beweis für unternehmerische Inkompetenz. Weswegen der gescheiterte Unternehmer geächtet wurde, statt eine neue Chance aus reicherer Erfahrung zu erhalten. Wie es in anderen Ländern, insbesondere im angelsächsischen Bereich, mit einer deutlich älteren und reiferen unternehmerischen Kultur, Gang und Gäbe war.

So war Chris auch hier erstmal nicht in der Lage, sein Glück zu erkennen. Litt nur unter seinem Scheitern. Machte sich Vorwürfe, Fehler gemacht zu haben. Verfluchte sein Schicksal und wusste nicht mehr weiter. Schließlich hatte er diesmal in seine Risikobereitschaft seine eigene Familie mit hineingezogen.

Die Ersparnisse für den Führerschein und ein Auto für Emmi und Angie waren einfach futsch. Seine Mühen für ihr Traumhaus in Traumlage landeten in der Insolvenzmasse, und sie harrten der Zwangsversteigerung. Sein Beratungsgeschäft war aus Zeitmangel verwaist. Die Lebensgrundlage für seine Familie war weg.

Tiefer kann man im Leben nicht sinken, dachte Chris bei sich, und befand sich schon wieder in einem fundamentalen Irrtum. Er konnte sein Glück zwar noch nicht erkennen, aber immer noch würden die meisten Menschen auf der Erde gern mit ihm tauschen wollen.

Weil man eben tatsächlich viel tiefer sinken konnte, als Chris. Weil man woanders auf der Welt noch verstoßen, gesteinigt oder getötet wurde, wenn man seine Schulden nicht bezahlen konnte. Weil es woanders auf der Welt kein soziales System gab, das einen auffing, wenn man bedürftig wurde. Weil man vor wenigen Jahren auch in Deutschland noch Privatschulden nicht über ein Insolvenzverfahren bereinigen konnte. Weil nicht jeder das Glück hatte, mit einer hochkarätigen Ausbildung Arbeit zu suchen. Eine bezahlte Anstellung zu erreichen. Wie Chris.

Chris hatte schon wieder Glück gehabt. War mit übertriebener Risikobereitschaft in ein unternehmerisches Abenteuer eingestiegen, indem er versuchte, den Schicksalsschlag seiner Familie in ein positives Ende zu verwandeln. Was dazu führte, dass er es allen recht machen wollte und am Ende mit seiner Familie mit leeren Händen dastand. Nun lernte er mühsam, endlich zuerst an sich und seine Familie zu denken.

Den ganzen Salat hatte er dem Insolvenzverwalter übergeben und war nun wieder frei für eine neue Zukunft. Lange Zeit konnte er nur zwei Dinge erreichen: Nachhaltig für sich und seine Familie Einkommen erwirtschaften und nach sieben Jahren endlich wieder schuldenfrei sein.

Er war wieder auf dem Stand dreißig Jahre zuvor, als er schmerzhaft realisierte, dass seine Vorfahren kein Vermögen aufgebaut hatten. Nun würde er diese lange Kette von Verwandtschaft um eine ganze Generation verlängern und würde selbst zu denen gehören, die seinen Kindern nichts zu vererben hatten.

Chris fiel es schwer, das Gute in seinem neuen Lebensabschnitt zu sehen. Es war, wie beim Beinbruch. Es würde nicht einfach wie vorher sein werden. Blessuren und Handicaps würden zurückbleiben. Die neue Freiheit würde nicht mehr die alte sein. Und es war noch ein sehr langer Weg dorthin. Ein Weg von Entsagung und Bescheidung.

Aber kein Weg von Stillstand. Chris war in der Lage, zu arbeiten und verfügte neben seiner exzellenten Formalqualifikation über viel Erfahrung in mittelständischen Unternehmen. Diese hatte er vielfältig beraten, und eines davon hatte er über Jahre als Nachfolgeeigentümer durch schwierigste Zeiten geführt.

Das war nicht unbemerkt geblieben. Chris‘ Glück wendete sich wirklich wieder. Viel grundlegender, als er das zunächst spüren sollte. Denn sein gefühltes Scheitern mental zu bewältigen, sollte ihn viel Mühe kosten, während es für den Rest der Welt kaum relevant war.

Für den Rest der Welt hatte er 100% freie Kapazität, war hoch qualifiziert und verfügte über wertvolle Erfahrungen. Was binnen kurzer Zeit dazu führte, dass er angeheuert wurde.

So konnte er als Manager entscheidende sieben Jahre seines Lebens finanziell überwintern. Beruflich erlebte er die erfolgreichste Zeit seines bisherigen Lebens. Im Mittelstand, auf den er bestens vorbereitet war. In der Industrie, für deren Strukturwandel er das nötige Know-how mitbrachte. In einem Familienunternehmen, für das er einschlägige eigene Erfahrungen gesammelt hatte. In einer Unternehmensführung, deren Chef seine Qualitäten erkannte und einzusetzen wusste. Und ihn kurzerhand einstellte und ihn zum Chef von Personal und Finanzen seines Unternehmens machte.

ARBEITENDES KAPITAL

Chris hatte seine Fragen, die ihn zu seinem Wirtschaftsstudium bewegt hatten, nun auch praktisch beantwortet bekommen.

Seine Zeit in der Landwirtschaft war ausschließlich von technisch-organisatorischen Gesichtspunkten im landwirtschaftlichen Betrieb geprägt gewesen. Die kaufmännische Seite war ihm vollständig verborgen geblieben. Damit hatte er einen enormen Umfang an Lernstoff erlebt und sich erschlossen, der dennoch nichts mit den ökonomischen Tatsachen von der spezifisch finanziellen Seite her zu tun hatte.

In seinem Studium hatte Chris den kaufmännischen Aspekt der betrieblichen Seite theoretisch in alle Richtungen ausgeleuchtet. Dabei standen vor allem erkenntnistheoretische, historische und dogmengeschichtliche Aspekte der Ökonomie im Vordergrund.

Im Rahmen seiner Coaching- und Beratungsarbeit auf Basis seiner wissenschaftlichen Expertise ging es vor allem um Innovationsprozesse in Unternehmen. Das bedeutete die praktische Anwendung von wissenschaftlichen Methoden im Rahmen des Coachings, Trainings und der Schulungen für Unternehmer und Führungskräfte.

Chris' Ausflug in die unternehmerische Praxis im Rahmen der Nachfolgesituation für seinen Schwiegervater bot darüber hinaus wieder reichlich Erfahrungsstoff aus dem wirklichen Leben. Aus dieser Art Ernst des Lebens konnte er insofern eine ganze Menge an gänzlich neuem Know-how in seine nächste Berufs- und Lebensphase mitnehmen. Interessanterweise ergaben sich die wichtigsten Erkenntnisse für Chris' weiteren Werdegang aus den Kernfragen seines betriebswirtschaftlichen Wissens, das nun um vielfältige praktische Erfahrungen erweitert worden war.

Damit hielt er den entscheidenden Schlüssel in der Hand, um in anderen Betrieben die Führungsaufgaben mit dieser seltenen Kombination aus außergewöhnlich tiefem, theoretischem Wissen und einschlägiger praktischer Erfahrung zu übernehmen.

Wie sich herausstellen sollte, ging es im unternehmerischen Mittelstand, kaufmännisch gesehen, immer wieder um dieselben oder ähnliche Fragen.

Jedes privatwirtschaftliche Unternehmen wird kaufmännisch über die Bilanz und über die Erfolgsrechnung informationell zusammengehalten und managementmäßig gesteuert.

Aber gerade im erfolgreichen Mittelstand und natürlich noch mehr im prekären Mittelstand, sind für diese Grundlagen oftmals nicht die passenden Kapazitäten und das Knowhow verfügbar.

Man konzentriert sich auf Kunden und Produkte. Das ist auch gut so. Sonst gäbe es keine Grundlage für Erfolg im Markt. Inwieweit die tagesaktuelle Praxis allerdings tatsächlich für den Erfolg arbeitet, wird immer erst im Nachhinein an den Geschäftszahlen deutlich, sobald der Jahresabschluss erledigt ist. Beim Monatsabschluss verhält es sich ebenso. Dieser konzentriert sich meist auf steuerliche Staatspflichten, die damit verbunden sind: Umsatzsteuervoranmeldung, Lohnsteuer und Sozialversicherungsabgaben für abhängig Beschäftigte stehen im Fokus.

So sollte Chris immer wieder feststellen, dass die technisch versiertesten und im Markt bei Kunden renommiertesten Unternehmer und Führungskräfte ihre kaufmännische Ausgangsbasis und die Auswirkungen ihres täglichen Tuns darauf nicht wirklich kannten.

Erschwerend kommt hinzu, dass gestern noch richtige Organisations- und Handlungsweisen heute bereits obsolet sein können, weil sich die Auswirkungen auf die betriebswirtschaftlichen Zahlen verändert haben.

So wurde Chris tiefer Einblick in das praktische wirtschaftliche Geschehen in mittelständischen Unternehmen zum Ansatzpunkt für seine begehrte Expertise, die er in seiner neuen Berufsphase würde anwenden können.

Die Bilanz hat immer zwei Seiten, ist überall gleich gegliedert und ähnlich aufgestellt. Dennoch verstehen es nur wenige Menschen, auch aus dem Bereich der Unternehmerschaft, die Bilanz zu lesen. Dabei ist die Sache vollkommen einfach. Der Name Bilanz gibt schon den entscheidenden Hinweis. Es handelt sich um eine Balance. Die beiden Seiten rechts und links sind stets ausgewogen und zeigen denselben Wert, heute grundsätzlich in Währung, zum Beispiel Euro.

Die Vorstellung einer Waage hilft. Sie ist ausgewogen, wenn links und rechts dasselbe Gewicht aufliegt, auch wenn unterschiedlich schwere Materialien aufliegen. Was bei der Waage die Gleichheit des Gewichts ist, ist in der Bilanz die Gleichheit des Währungswertes.

Auf der linken Seite der Bilanz sind sämtliche Werte, die in der wirtschaftlichen Einheit, zum Beispiel einer GmbH, verwendet und erfasst sind, aufgeschrieben und mit Währungswerten hinterlegt. Auf der rechten Seite sind sämtliche Finanzmittel gelistet, die aus Eigentumsquellen außerhalb der wirtschaftlichen Einheit stammen und in derselben Währung bewertet sind. Die Bilanz zeigt das Kapital des Unternehmens, links als wirtschaftliche Werte, rechts als finanzielles Kapital.

Auf der linken, sogenannten Aktivseite, finden sich im oberen Bereich des Anlagevermögens langfristig investierte Werte, wie Gebäude, Fahrzeuge, Einrichtungen, Technik usw. Im unteren Bereich des Umlaufvermögens finden sich die Werte aus dem aktuellen Geschäft wieder, also Vorräte, Forderungen gegen Kunden und Geldmittel auf laufenden Konten usw.

Auf der rechten Passivseite der Bilanz ist vermerkt, woher das Geld kommt, um die linke Seite zu bezahlen. Hier findet sich in oberster Position das Eigenkapital, das den Vermögensstatus der Eigentümer des Unternehmens darstellt und nicht zuletzt deren Macht und Freiheit für unternehmerische Entscheidungen. Darunter finden sich die sogenannten Verbindlichkeiten, also Schulden der wirtschaftlichen Einheit. Darunter fallen Darlehen von Banken oder anderen Geldgebern mit Fälligkeiten unterschiedlicher Fristen, aber auch unbezahlte Rechnungen von Lieferanten, rückständige Steuerzahlungen usw.

Wenn das Unternehmen keine Verbindlichkeiten hat, also schuldenfrei ist, verfügt es über 100 Prozent Eigenkapital. Wenn es komplett aus Fremdmitteln finanziert ist, verfügt es über 0 Prozent Eigenkapital und gehört im Prinzip nicht den formellen Eigentümern, sondern seinen Gläubigern, also fremden Geldgebern. Ist das Eigenkapital negativ, wird es auf der linken Seite ausgewiesen, und das Unternehmen ist überschuldet, sofern die ausgewiesenen Buchwerte in der Bilanz aktuellen Werten entsprechen.

Unternehmen mit hoher Eigenkapitalquote sind prinzipiell bonitätsstark, also attraktiv für Geldgeber, die sich mit Kapital im Unternehmen engagieren wollen. Unternehmen mit knappem oder negativem Eigenkapital sind bonitätsschwach und finden schlecht Geldgeber, um sich selbst aufrecht erhalten zu können. Solcher Art prekäre Situationen von Unternehmen entstehen durch Gründung oder auch im laufenden Betrieb, wenn sich der wirtschaftliche Erfolg im Tagesgeschäft nicht einstellt.

Verfügt ein Unternehmen in Gründung nicht über nennenswertes Eigenkapital von den Eigentümern, ist es nicht in der Lage, mit eigenem Geld Anschaffungen zu tätigen. Startet es mit ausschließlich Fremdkapital, ist seine Bonität sofort stark belastet und weitere Fremdfinanzierungen sind ausgeschlossen.

Aber auch ehemals erfolgreiche Unternehmen mit gesunder Bilanz, also guter Eigenkapitalquote von 30 Prozent und mehr, werden notleidend, wenn sich aus dem Tagesgeschäft Verluste ergeben, die die Bilanz belasten. Dadurch schwindet die Bonität mit der Höhe der auflaufenden Verluste von Monat zu Monat, oft über Jahre, wie bei Chris im Betrieb des Schwiegervaters.

Prekäre Situationen entstehen aber auch bei erfolgreich gegründeten Unternehmen, die stark wachsen, weil ihre Gewinne nicht ausreichen, um das Wachstum zu finanzieren. Das passiert zum Beispiel, wenn neue Anlagen für das Wachstum gebraucht werden oder einfach nur, weil noch auf Kundengelder gewartet werden muss.

Prekäre Situationen, die außerordentliche Maßnahmen erfordern, ergeben sich bei Gründung, Wachstum und Restrukturierung, weil außerordentliches unternehmerisches Engagement erfordert ist, um die Lebensfähigkeit von Unternehmen zu sichern, zu erhöhen oder zu erneuern.

Chris hatte gelernt, dass der Sinn von solchen Maßnahmen nicht aus der Bilanz selbst erschlossen werden kann. Mit Geldbeschaffung ließ sich annähernd jedes bilanzielle

Problem lösen, sofern denn Geldgeber aufzutreiben waren. Der Sinn von Gründungs-, Wachstums- oder lebenserhaltenden Maßnahmen auf der finanziellen Seite von Unternehmen, muss also regelmäßig im Tagesgeschäft ansetzen. Ist das Tagesgeschäft erfolgreich, erzielt es Gewinn. Ist es nicht erfolgreich, erzielt das Unternehmen keinen Gewinn.

Auch der Gewinn besteht nur aus zwei Seiten. Die Umsatzseite zeigt den Erlös in einer Währung für Produkte und Leistungen in einer Zeitperiode und wird ganz oben an den Anfang der Erfolgsrechnung geschrieben. Kapital kommt von lateinisch Caput, das Haupt, also das, was obenauf ist.

Darunter folgt der Aufwand, den das Unternehmen in einer Zeitperiode betreiben muss, um seinen Markterfolg auf der Umsatzseite zu erzielen.

Die einfache Subtraktion der beiden Größen ergibt den Gewinn, bei positivem Ergebnis oder den Verlust bei negativem Ergebnis.

Das lässt sich am besten mit einem Glas darstellen. Wenn das Glas am Ende einer Zeitperiode geleert wird kommen die Umsatzerlöse als neue Liquidität in das Glas und füllen es kontinuierlich.

In derselben Zeitperiode werden aber auch Ressourcen gebraucht, ‚ausgetrunken'.

Der Füllstand des Glases ändert sich also kontinuierlich. Entscheidend ist, dass im Ganzen mehr zuströmt als wegfließt. Am Ende der Periode wird der Erfolg in die Bilanz übertragen, und das Glas ist wieder leer.

Entscheidend ist hier, dass nur bei Erfolg der Bilanz ein Gewinn zufließt, der dem Eigenkapital zugeschrieben wird und dieses erhöht, was die Bonität und damit auch die Macht des Unternehmens steigert.

Bei Zuweisung eines Verlustes ist praktisch ein Loch im Glas: Es fließt mehr weg als eingefüllt wurde. Weil das nicht geht, wird das Fehlende, der Verlust, aus dem Eigenkapital der Bilanz aufgefüllt und dieses dadurch reduziert. Bei Verlust schrumpfen Eigenkapital, Bonität und Macht des Unternehmens.

Aber Chris wusste, dass es auf die Details ankommt. Ein Umsatz kann heute getätigt sein, aber erst nächsten Monat berechnet werden, was die Erfolgsrechnung fehlerhaft werden lässt.

Auch kann ein komplexeres Produkt, über längere Zeit produziert, heute schon fertig sein und im nächsten Monat erst abgerechnet werden. Dann sind die Kosten in der Vergangenheit schon verbucht oder bezahlt, aber die Erlöse werden erst in der Zukunft verbucht werden.

Ähnliches umgekehrt tritt bei Vorkasse-Zahlungen ein, wenn Rechnungen schon bezahlt sind, aber Produktion und Lieferung noch zu erfolgen haben.

Aus der sogenannten Periodenabgrenzung ergeben sich zwischen Buchhaltung und Management reichhaltige Interpretationsaufgaben, um klar zu erkennen, ob das Unternehmen erfolgreich war oder nicht.

Besondere Herausforderungen entstehen auch daraus, dass sich der unternehmerische Alltag in einem Kontinuum der Zeit vollzieht, das mit multiplen Daten und Buchungen detailliert über die Vergangenheit beauskunftet wird. Dagegen weiß man die Geschäftszahlen der Zukunft immer erst sicher im Nachhinein und muss sie doch vorher möglichst genau kennen.

Dazu braucht es Planungssysteme, mit denen der künftige Erfolg schlüssig vorausberechnet werden kann, wie Chris wusste. Sind diese Systeme etabliert und leistungsfähig installiert, ist ein Unternehmen in der Lage, seinen Erfolg im Voraus zu berechnen und bis hin zum Eigenkapital, Gewinn und Kontostand künftiger Monate und Jahre als Plangröße recht genau zu bestimmen.

Nach Chris‘ Erfahrung hatten Mittelstandsunternehmen oftmals keine Planungssysteme oder Schwierigkeiten damit, mit Ausnahme der wirklich erfolgreichen.

Grundsätzlich gibt es in jedem Unternehmen multiple Möglichkeiten der Optimierung des Erfolgs. Das bedeutete in der ersten Stufe erstmal periodenkorrekte Erfolgsrechnung, um darauf die aussagefähige Geschäftsplanung aufzusetzen.

In allen Belangen wusste Chris, dass die Erfolgsbasis von Gewinnen abhängt. Je größer diese ausfallen, umso stärker ist der Effekt auf das Eigenkapitalwachstum und damit auf die Bonität und die Macht des Unternehmens.

Die Maßzahl hierfür ist die Rentabilität, die beauskunftet, wieviel Geld als Gewinn vom Umsatz übrigbleibt. Bei 10 Prozent Umsatzrendite braucht das Unternehmen 10 Jahre, um einen Jahresumsatz als Eigenkapital gewonnen zu haben. Das gilt als Grenze zwischen gut und schlecht: Eine größere Rendite macht das Unternehmen attraktiv für Kapitalgeber. Renditen im unteren einstelligen Prozentbereich zeigen Stagnation und damit Gefahr, in Verluste abzugleiten und Kapital zu vernichten.

Bei den renditestarken Unternehmen liegt das Augenmerk deshalb stets darauf, in Zukunftsgeschäft zu investieren, um Wachstum im Markt und Rendite auch in Zukunft für sich zu sichern.

Bei renditeschwachen Unternehmen stellt sich stets die Frage, ob und wie eine Restrukturierung die zukünftigen Renditen verbessert.

Im Fall der Verlustunternehmen mit negativer Rendite stellt sich die Frage noch kritischer, nämlich ob mit einem sogenannten wirtschaftlichen Turnaround, also mit einer Restrukturierung, wieder ein erfolgreiches Unternehmen entstehen und damit eine Sanierung glücken kann.

Chris wusste, dass jedem Unternehmer nur wenige Stellschrauben zur Verfügung stehen um die Rentabilität zu verbessern. Ausgangsbasis ist immer ein wachsender Umsatz mit gut kalkulierten Produkten oder Leistungen, ohne die die Kasse nicht klingeln kann. Der nächste Hebel ist die Produktivität, letztlich der Aufwand, der für den Umsatz betrieben werden muss. Kann die Produktivität gesteigert werden, ergibt sich eine Verbesserung der Rentabilität. In manchen Branchen ist ein deutlicher Preisverfall zu beobachten, der sich nur über entsprechende Produktivitätssteigerungen kompensieren lässt.

Bei der Produktivität geht es immer um dieselbe Zuordnung: der Aufwand für die Kapazität im Verhältnis zum Umsatz. Wird das Verhältnis besser, ist alles auf dem richtigen Weg, andernfalls befindet sich das Unternehmen auf dem Weg Richtung Schwierigkeiten.

Hier fing für Chris der große Spielplatz seiner künftigen Aufgaben an, für den er in der Nachfolge seines Schwiegervaters fleißig geübt hatte.

Waren genug oder gar zu viele Leute beschäftigt?

Waren die richtigen Leute oder richtigen Kompetenzen beschäftigt?

Ließen sich Arbeitsaufgaben durch Maschinen, Computer und Programme ersetzen? Waren sonstige Kostenpositionen unproduktiv oder konnten alternativ günstiger dargestellt werden?

Über all dem schwebte stets die Hauptvoraussetzung: gab es für die Produkte und Dienste einen Markt, der attraktive Renditen und Wachstum versprach?

Dann hatte das Unternehmen eine vielversprechende Zukunft, die in einem Businessplan als Strategie ausgearbeitet und mit einem fähigen Management umgesetzt werden konnte.

In einem solchen Unternehmen wäre Chris richtig aufgehoben.

INNOVATIVE INDUSTRIE

Henry führte sein Unternehmen in dritter Generation. Er war ein groß gewachsener Mann, 18 Jahre älter als Chris und an Erfolg gewöhnt. Seine beiden Vorgenerationen hatten das Unternehmen aufgebaut und unter ihrem eigenen Familiennamen geführt.

Mit 150 Mitarbeitenden wurden hoch spezialisierte Komponenten für elektrotechnische Anlagen gebaut. Sie kamen weltweit in Schiffen, Kraftwerken, Bahnfahrzeugen, in der Verkehrstechnik und im Maschinenbau zum Einsatz. Zur Herstellung betrieb das Unternehmen einen drehtechnischen, einen kunststofftechnischen und einen blechverarbeitenden Betrieb.

Die Produkte und Produktionsprozesse waren im ständigen Verbesserungsprozess. Eine eigene Entwicklungsabteilung mit Labor sorgte für kontinuierliche Innovationen und für weltweite Zertifizierungen, um auch für anspruchsvollste Anwendungen zum Einsatz zu kommen. Henry hatte sein Unternehmen bei allen namhaften Herstellern seiner Zielbranchen gelistet und war über ein nationales Vertreternetz und internationale Vertriebspartner bei seinen Kunden vor Ort präsent.

Über neun Jahrzehnte war der Unternehmensaufbau nachhaltig erfolgreich gewesen, war auch über Weltwirtschaftskrise, Kriegswirren und Strukturwandel erhaben. Henry engagierte Chris im Wissen darum, dass die Kernkompetenz des Unternehmens, Technik und Vertrieb, nicht würde überdauern können, wenn der aktuelle Strukturwandel in der Industrie mit Computern und Digitalisierung nicht beherrscht werden würde.

Das war die Win-Win-Konstellation für Chris und Henry. Henry brauchte Kompetenz und Unternehmer-Skills in Bereichen, die nicht seine eigene Kernkompetenz darstellten. Und Chris brauchte ein sicheres Umfeld, das ihm Gestaltungsspielraum bot, in dem er seine Kompetenz weiter entfalten konnte.

Außerdem ergab sich eine für Chris wichtige Gelegenheit aus seinem neuen Engagement bei Henrys Unternehmen. Er wusste, dass er seinen Schwur, künftig zweimal hinzusehen, um keinen lebensgefährlichen Unfall mehr zu erleiden, auf sein unternehmerisches Mindset ausweiten musste. Durch die Zusammenarbeit mit Henry war das nun geradezu institutionalisiert gegeben. Alle Entscheidungen wurden gemeinsam getroffen, und es war Chris‘ Aufgabe, sie so vorzubereiten, dass Henry sich hinreichend informiert fühlte, um zuzustimmen.

So starteten die beiden ihr gemeinsames Mammutprojekt der Reorganisation des technischen Industrieunternehmens für das digitale Zeitalter. Chris analysierte die kaufmännischen Prozesse und führte ein Erfolgscontrolling ein. Er definierte ausgeprägte Handlungsbedarfe im Bereich der betrieblichen Koordinationsprozesse und des Datenhandlings. Er stellte die IT-Abteilung neu auf, managte die komplexe Einführung eines voll integrierten ERP-Systems, stellte die Computer- und Datentechnik auf die neuen Bedarfe um und versetzte die Belegschaft in die Lage, sich in der neuen Welt des Unternehmens zurechtzufinden.

Er trennte sich auch von Mitarbeitern, um neue Kräfte mit passender Qualifikation zu engagieren, baute das Führungsteam auf zweiter Ebene weiter aus und vervollständigte es um Betriebsleitung und Entwicklungsleitung. Henry selbst hatte die Funktionen Vertriebsleitung und Exportleitung zu seiner eigenen Entlastung schon vorher geschaffen.

Das vervollständigte Führungsteam tagte wöchentlich mit Henry zu aktuellen Entscheidungen und berichtete monatlich zu den betrieblichen Kennzahlen, die Chris mit seinem Team bereitstellte.

Nichts half ihm bei seiner eigenen Führungsarbeit so viel, wie die Zahlen aus dem Unternehmen, die es vorher kaum gab. Weshalb bis zu seiner Verantwortungsübernahme auch Meinungen zählten oder kurzerhand einfach gewartet wurde, bis der Chef etwas sagte oder tat.

Das Unternehmen begann nun, sich zunehmend auf Basis von Kennzahlen und integrierten Datenverarbeitungsprozessen von zentralen Entscheidungen auf Geschäftsführungsebene zu dezentralen Entscheidungen auf Expertenebene umzustellen. Und wurde damit immer erfolgreicher. Vor allem in den kaufmännischen Ergebnissen, die der klingenden Marke und der überlegenen Technik des Unternehmens vorher nicht angemessen waren, zeigten sich neue Welten. Nun gab es nicht nur klingendes Renommee, sondern auch klingelnde Kassen.

Je mehr die betriebswirtschaftliche Optimierung des gesamten Unternehmens vollendet wurde, umso mehr Handlungsspielraum erhielt Chris für die Optimierung des Betriebes und für die Menschen, die dort beschäftigt waren.

Er führte flexible Arbeitszeiten ein, restrukturierte das Vergütungssystem mit Erfolgsbeteiligung für die Belegschaft. Verwirklichte die Zertifizierung des Unternehmens als familienfreundlich, als eines der ersten mittelständischen Unternehmen damals überhaupt. Sorgte für einen Betriebskindergarten in Kooperation mit anderen Unternehmen, führte

Stellen für die ersten Werksstudenten ein und professionalisierte die Ausbildung und die betriebliche Weiterbildung.

Je mehr die innerbetrieblichen Aufgaben der Restrukturierung des Traditionsbetriebes für die neue Zeit des digitalen Zeitalters erledigt waren, umso mehr Freiraum erhielt er von Henry für überbetriebliche Aufgaben in der Region. Er mischte beim Stadtmarketing mit, gründete als Vorsitzender einen regionalen Branchenverband mit anderen Unternehmen und engagierte sich mit einem Lehrauftrag für Management & Organisation an der Technischen Hochschule der Region.

Ein abschließendes Highlight wurde die Gründung einer privaten Wirtschaftsschule, die Henry unbedingt am Standort seines Unternehmens realisiert haben wollte und für die Chris das Gründungskonzept und das Gründungsmanagement verantwortete. Die Abiturienten machten parallel zum Abi ihre betriebliche Ausbildung: das war der Clou, der die Schule nachhaltig erfolgreich machen sollte.

Abgesehen davon, dass Chris in seiner Zeit bei Henry auf gepfändetem Gehalt seine Restschuldbefreiung abzuwarten hatte, erlebte er beruflich und privat eine besonders interessante Zeit. Das Renommee des Unternehmens, und nicht zuletzt die Unternehmerperson Henry, der Chris‘ eigene Unternehmer-Skills erkannte und förderte, öffnete ihm sämtliche Türen auf allen Ebenen von Unternehmerschaft, Politik und Verwaltung. So war Chris mit seiner Familie in wenigen Jahren zu einem festen Bestandteil der Hautevolee im lokalen Maßstab am Unternehmenssitz geworden.

Als Chris‘ Insolvenzverfahren mit der Restschuldbefreiung endete und die Projekte in seiner Obhut für Henrys

Unternehmen erledigt waren, musste Chris wieder eine bedeutende Entscheidung für sich und seine Familie treffen. Er würde erkennbar niemals an der unternehmerischen Zukunft des Unternehmens kapitalmäßig beteiligt werden, weil junge Nachfolger aus der Familie der vierten Generation bereitstanden. Auch sah Chris seine Zukunft als kaufmännische Führungskraft aus demselben Grund nicht dauerhaft als sicher an.

Er beriet sich vertrauensvoll mit dem Unternehmer Henry und dieser zeigte sich dankbar für alles, was Chris in seinem Unternehmen umgesetzt hatte. Auf Basis wirksamer Empfehlungsschreiben von Henrys Unternehmen, unterstützt durch eine Anschubfinanzierung als Abfindung bei Vertragsende und ausgestattet mit einem umfassenden Know-how für die Führung mittelständischer Unternehmen, machte Chris sich wieder selbstständig.

Er wurde Interimsunternehmer und brachte sein umfangreiches Know-how überall dort ein, wo kritische Unternehmenssituationen gleichzeitig Besonnenheit und Führungsstärke, Wissen und Fähigkeiten erforderten und ihm die Verantwortung der Unternehmensführung anvertraut wurde.

Chris und Henry blieben Freunde und wechselten zum Du. Einige Zeit später besuchte Chris ihn im Krankenhaus. Henry sagte zu ihm:

„Chris, du bist ein leidgeprüfter Mensch und bist dennoch immer ehrlich und fleißig geblieben. Die Menschen, die dir vertrauen, können sich immer auf dich verlassen. Das ist eine große Gabe, über die nur wenige Menschen verfügen. Anderen aus schwierigen Situationen zu helfen ist wohl deine Lebensaufgabe.“

Wenige Jahre blieben Henry nur noch für seinen Ruhestand, bevor er, nach einem höchst aktiven Unternehmerleben bis zu seinem 70sten Geburtstag, krank wurde und schon im Alter von 75 Jahren starb.

KREATIVE KOMMUNIKATION

Die Szene blieb für Chris unvergesslich. Über einhundert Leute strömten in den Saal. Einhundert Unternehmerinnen und Unternehmer aus dem Ort des Firmenstammsitzes. Aber die wenigsten kannten sich, und die allermeisten kamen insofern an diesem Abend im Casino des Unternehmens zusammen, um das zu ändern.

Chris hatte für das Unternehmen die Gründung und Moderation des Unternehmernetzwerkes am Standort übernommen und war Bestandteil eines Organisationsteams aus einer Hand voll engagierten Leuten aus anderen Unternehmen und lokalen Banken.

Das Setting war denkbar einfach. Wenn sich die anwesenden Unternehmer kennenlernen sollten, dann müsste jeder jeden kennenlernen. Also fielen individuelle Gespräche dafür aus. Wenn sie jeder und jedem eine Minute Gesprächszeit zuordneten und streng abmoderierten, wenn überzogen wurde, kämen sie mit zwei Stunden klar. So wurde daraus ein Programm.

Alle stellten ihre Daten nebst Foto am Empfang zur Verfügung und nutzten ihre Minute höchst unterschiedlich. Anschließend bot ein Get Together den gewünschten konstruktiv-geselligen Ausklang.

Was Einzelne sich einfallen ließen, um unter den Einhundert aufzufallen und in Erinnerung zu bleiben, war zum Teil beeindruckend. Die Einen entschuldigten sich für ihre Nervosität, weil sie sich zum ersten Mal überhaupt öffentlich vorstellten. Die Nächsten trugen in Gedichtform vor. Wieder andere nutzten mangels Präsentationsequipment ein mitgebrachtes Plakat zur Eigenwerbung. Zwei Unternehmer lösten die Sache kreativ, indem sie sich gegenseitig wertschätzend vorstellten.

Das anwesende Produkt- und Leistungsportfolio war beeindruckend. Vom Weltmarktführer, der die Veranstaltung ausrichtete über den Branchenprimus bis zu alltäglich gebrauchten Gewerken reichte die Palette. Sehr aufschlussreich war die Vielfalt der Spezialisierung bei sonst im Wettbewerb stehenden Unternehmen.

Die Stimmung nach dem großen Vorstellungsevent war derart gelöst, dass sich ein geradezu euphorisierter Ausklang der Veranstaltung anschließen sollte.

Dem Organisationsteam waren einige spontane Erfolge für die Anwesenden gelungen, mit denen niemand rechnen konnte. Da gab es das Unternehmen, dass seine Zulieferartikel von einem süddeutschen Unternehmen bezog, das als Grossist seinerseits in Asien einkaufte. Und der Hersteller, der aus Asien stammenden Ware, fand sich unter den Anwesenden in der Nachbarschaft: was für ein Clou!

Auch fanden Forschungs- und Entwicklungskapazitäten zueinander oder es erfolgte schlicht der unternehmerische Erfahrungsaustausch zu multiplen Themen. Networking als Wertschöpfung beseelte die Menschen, die unternehmerisch tätig waren.

Das Gastgeber-Unternehmen war weltweit busy in Sachen Networking. Chris‘ Methodenkompetenz war insofern im vertrieblichen Bereich des Unternehmens gefragt, obwohl dieser nicht Chris‘ Verantwortung unterlag.

Eines Tages waren sämtliche inländischen Handelsvertreter geladen, und Chris übernahm die Aufgabe der Workshop-Moderation. Es ging um die Frage der künftigen Strategie, mit Ableitung von Handlungsbedarfen und Definition eines Maßnahmenpaketes.

Chris strukturierte mehrere Moderationsmethoden und führte die gut dreißig Personen durch den Tag.

Die Eröffnungsmethode ist unter der Marke Metaplan im Markt bekannt und sorgt dafür, dass die Redezeiten Einzelner nicht drohen, das Ganze zu bestimmen. Zur Kernfrage ‚Zukunft' erhalten alle abgezählte Karten, die sie mit je einem aus ihrer Sicht dringlichen Thema beschriften sollen. Bei dreißig Teilnehmern und fünf Nennungen auf fünf Karten pro Teilnehmer ergeben sich so einhundertfünfzig Vorschläge, gleichverteilt von allen Mitwirkenden.

Der Moderator stellt die Karteninhalte anschließend dem Plenum aus allen Mitwirkenden vor und sorgt für eine Clusterung der Themen mittels Moderationswänden, an die die Karten geheftet werden. Bei Doppelung der Themen wird nur eine Karte verwendet und die Doppelnennung vermerkt. Wenn die Präsentation der Nennungen und Vorstrukturierung in Themenclustern erfolgt ist, benennt der Moderator, unter Beteiligung der Teilnehmenden, eine Überschrift als Titel, wozu oft eine der Themenkarten verwendet wird. Die folgende Pause bietet Gelegenheit zum Austausch und wirkt für die Mitwirkenden, denen das Wort entzogen bleibt, entlastend.

Anschließend verteilt der Moderator an jeden fünf selbstklebende Bewertungspunkte, die von allen auf die Themen verteilt werden sollen.

Hier entsteht nach der Themensammlung von allen, auch den Leisen, der nächste Effekt. Die Punkte werden nach Prioritätswahrnehmung aller vergeben und dabei auch die Vorschläge der anderen berücksichtigt.

Nach Fertigstellung erkennt jeder eindeutig, welche Nennungen aus Sicht aller am meisten Punkte gesammelt haben und ihnen damit höchste Priorität zukommt.

Die Weiterarbeit erfolgt nun in Arbeitsgruppen mit demselben Verfahren, zum Beispiel die fünf wichtigsten Themen verteilt auf fünf Gruppen mit je sechs Teilnehmern bei 30 Anwesenden.

Ist die Aufteilung erfolgt, leitet der Moderator die Gruppen an, je einen Moderator zu stellen, der dasselbe Verfahren zum Gruppenthema nochmals durchführt. Zum Beispiel beim Oberthema ‚Produktneuheiten', für die Zukunft Vorschläge zu sammeln, zu bewerten und zu priorisieren.

Nach dieser Eigenaktivität der Gruppen folgt wieder eine Pause zur Entlastung und Regeneration. Abschließend präsentieren die Gruppen ihre Arbeitsergebnisse und diskutieren die wichtigsten Anmerkungen unter Anleitung des Moderators.

Nachdem im strukturiert moderierten Prozess eine ordentliche Bandbreite von Vorschlägen ausgearbeitet, bewertet und priorisiert vorliegt, lenkt der Moderator die Aufmerksamkeit der Anwesenden weg von Handlungsbedarfen und Zukunftsideen hin zu machbarer Umsetzung.

Da die Umsetzungsressourcen begrenzt sind, erhält die Gruppe nochmals Bewertungspunkte, um die Handvoll Themen zu bestimmen, zu denen an Lösungen weitergearbeitet werden soll.

Im weiteren Arbeitsprozess wählt der Moderator eine Kreativmethode, mit der die Gruppen an die Ausarbeitung von Lösungen gehen.

Chris wählte die 6-3-5 Methode, die die Vertriebspartner noch nicht kannten. Jede der fünf Gruppen erhält ein Thema zur Ausarbeitung. Jeder der sechs Teilnehmer hat 5 Minuten

Zeit, um drei Lösungen auf sein Blatt zu schreiben. Dann wird das Blatt an den nächsten weitergereicht, der wiederum 5 Minuten hat, um zusätzliche Ideen zu notieren. Das Rotieren kann bis zu einmal ganz herum erfolgen und endet, bevor die erste Person wieder an der Reihe ist. Üblicherweise sind die Leute dann richtig geschafft, fühlen sich ausgequetscht und haben die nächste Pause verdient.

Zum Abschluss erfolgt die Zusammenfassung und Priorisierung der gelisteten Ideen in der Gruppe mit anschließender Präsentation an die anderen Gruppen.

Danach vergeben alle wieder ihre Bewertungspunkte, und so entsteht eine Vorstufe der Projektierung für die wichtigsten und dringlichsten Themen.

Chris hatte das Verfahren mehrfach im Rahmen von Schulungen und Trainings angewandt. Aber die Ergiebigkeit in der Zusammenarbeit mit Praktikern anhand ihrer eigenen Zukunftsthemen hatte alle Erwartungen der Teilnehmerinnen und Teilnehmer weit übertroffen. Am Ende stand nichts weniger als ein Marketingplan, der sich allen Beteiligten, qua Mitwirkung an der Erstellung, schon vermittelt hatte, hinter dem sie gemeinsam stehen konnten und den sie mit Nachdruck umsetzten.

MENSCHLICHE MOTIVE

Chris hatte alle Zutaten beisammen, um im fortgeschrittenen Alter von 48 Jahren noch einmal durchzustarten. Seine neue Fähigkeit, zweimal hinzusehen und auch auf die Interessen von sich und seiner Familie aufzupassen, rundete das Konzept ab, mit dem Unternehmer Henry seinen Freund Chris mit ordentlichem Anschub in dessen neue Selbständigkeit entließ.

Chris‘ Eltern leisteten ebenfalls einen unerwarteten Beitrag und kauften ihr Traumhaus in Traumlage aus der Zwangsversteigerung, um es Chris und seiner Familie weiterzuverkaufen, sobald sie soweit sein würden. Jedenfalls hatten sie wieder ihre neue alte Bleibe, Chris einen festen Ausgangspunkt für seine neuen Unternehmungen und seine Töchter ebenso für ihre ersten Schritte in die weite Welt. Für Führerschein, erstes Auto und eine Mitgift zum 18. Geburtstag hatte Chris bis dahin wieder gesorgt.

Chris erhielt fleißig neue Aufgaben. Allein sieben bedeutende Mandate erhielt er in den zwölf Jahren seiner aktiven Zeit als Interimsunternehmer und zählte die kleinen Hilfestellungen für selbstständige Kleinunternehmer dabei nicht mit. Seine Mandanten hatten klar erkannt, was Chris als Unternehmer ohne Kapital, aber mit reichlich Know-how und Erfahrungen, für sie leisten konnte.

Sein erstes Mandat als Interimsunternehmer erhielt er vom Unternehmer Paul aus der Nachbarstadt. Dieser kannte ihn noch aus seiner Zeit bei Henry. Er engagierte ihn kurzerhand, als er erfuhr, dass Chris wieder auf dem Markt war. Eine seiner Tochtergesellschaften aus dem Frankenland kam wirtschaftlich nicht wieder auf die Beine, nachdem sich der

Gründer, der Paul seinen kleinen Werkzeugmacherladen für einen Millionenbetrag verkauft hatte, in den Ruhestand zurückgezogen hatte. Paul führte seine Unternehmensgruppe in dritter Generation mit seiner Schwester. Chris kam mit seinem inzwischen vielfach erprobten Repertoire. Einführung von Controlling. Einführung von Planung mit Soll-/Ist- Abgleich. Einbindung der Belegschaft in die Verantwortung.

Der Hauptpunkt der Aufgabe stellte sich als Lücke im Bereich Human Resources heraus, die der nicht mehr aktive Gründer im Unternehmen hinterlassen hatte. Er hatte für Termineinhaltung bei den Aufträgen gesorgt, und alle anderen hatten sich flexibel auf ihn einzustellen. Die Belegschaft erhielt ihre Flexibilität, die Strenge der Führung des Gründers war aber nicht mehr da, und Paul, der für eine ganze Unternehmensgruppe zuständig war, konnte das nicht leisten. Dem für diese Aufgabe neu angestellten Ingenieur fehlte die nötige Durchsetzungsfähigkeit.

Chris hatte leichtes Spiel. Er entließ den Ingenieur und sorgte dafür, dass keine Auftragstermine mehr verschoben wurden. Die Termintreue besserte sich schlagartig, und die betriebswirtschaftlichen Ergebnisse folgten auf dem Fuß. Nach einem Jahr war sein Auftrag in dem kleinen Unternehmen von 20 Mitarbeitern bereits erledigt.

Paul bot Chris das Du an, entwickelte seine Unternehmensgruppe mit 150 Mitarbeitern im Bereich der Papierindustrie noch ein paar Jahre weiter, stellte sie auch auf die Anforderungen des digitalen Zeitalters ein und verkaufte sie in seinen Fünfzigern an einen großen Anlagenbauer der Branche. Seither befindet er sich im Ruhestand und lebt in der Schweiz.

Chris erinnerte sich gern und oft daran, wie er mit Paul in dessen Porsche Panamera zu seinem Einsatzort unterwegs gewesen war. Paul war Hobbyrennfahrer und ließ es krachen. Er bat Chris, einen Blick auf den Tacho zu werfen, als er auf der sechsspurigen Autobahn kurvenreich durch Höhen und Tiefen des Mittelgebirges flog. Zweihundertachtundneunzig km/h zeigte der Tacho, und man konnte sich unverkrampft dabei unterhalten. Noch dazu war Paul ein sicherer Fahrer, der mit Sicherheitsreserven unterwegs war, vor allem mit genügend Abstand zu den Vorderleuten, die bereitwillig Platz machten, wenn sich die Porsche-Silhouette in ihren Rückspiegeln schnell näherte.

Paul hatte eine sehr eingängige Lebensweisheit. Er ging davon aus, dass alle Menschen über dieselbe wichtigste Ressource verfügen, nämlich ihre Lebenszeit. Niemand besaß die Macht, diese Zeit zu verlängern. Also konnte es nur darum gehen, diese zentrale Ressource nicht zu verschwenden. So führte er sein Leben und seine Unternehmen und sorgte dafür, dass nirgendwo Zeit verschwendet und Betriebsprozesse stets beschleunigt und optimiert wurden. Die Stunde, die sein Porsche von der üblichen Fahrtzeit gutmachte, verbrachte er mit Chris beim Lunch. Sie waren damals auf dem Weg zu Pauls Tochterunternehmen gewesen, für das er Chris engagiert hatte.

Chris hatte sich mit einer besonderen Methode beschäftigt, in Sachen Mitarbeitermotivation, die er auch selbst ausprobiert hatte.

Die Methode geht zurück auf den amerikanischen Forscher Steven Reiss, der um die Jahrtausendwende mit einer gigantisch großen Studie von über einhunderttausend Probanden der Frage nachging, ob Menschen unterscheidbare intrinsische Motivatoren antreiben, die sich erkennen lassen. Mit diesen Erkenntnissen würde es den Menschen leichter fallen, zu entscheiden, was sie tun sollten, um in ihrer eigenen Mitte zu sein, zum Beispiel im beruflichen Bereich.

Chris hatte mit Dave einen befreundeten Persönlichkeitstrainer engagiert, der die Methode weiterentwickelt hatte, um die Teamperformance in Organisationen festzustellen und darauf Instrumente der Personalentwicklung abzustimmen

Im Kern geht es darum, dass Reiss sechzehn unterscheidbare intrinsische Motivatoren bei allen Menschen gefunden hatte, die in Gegensatzpaaren mehr in die eine oder andere Richtung ausschlagen können.

Im mittleren Bereich befindet sich die Mehrzahl der Leute, während Ausprägungen in die eine oder andere Richtung der Gegensatzpaare spezifische Persönlichkeitsmerkmale ausmachen. Entsprechend einer Gaußschen Standardnormalverteilung sind die Ausprägungen bei den Menschen verteilt: die Mehrheit liegt in der Mitte, wenige Besondere an den Rändern.

Grundsätzlich wird davon ausgegangen, dass sich die Ausprägungen nicht ändern, weil sie Persönlichkeiten ausmachen.

Mit dem Wissen darum, aus welchem Antrieb jemand eine bestimmte Beurteilung vornimmt oder emotional reagiert, lässt sich das persönliche Verhalten in Situationen anderen gegenüber ändern, was entscheidend für den Erfolg und die Lebenszufriedenheit sein kann.

Genauso lässt sich von der Person entsprechend leichter entscheiden, ob das Umfeld weiterhin zu ihr passt oder ob Änderungen im Leben anstehen, im beruflichen oder privaten Bereich.

Bekannte Motivatoren-Gegensätze im Reiss-Profil sind zum Beispiel Ordnung und Flexibilität oder Gruppenaffinität gegenüber Einzelgängertum.

Übliche Zuordnungen von Teams sind in der betrieblichen Praxis meist ausbildungsorientiert. Die menschlichen Eigenarten finden kaum Berücksichtigung. So werden vielleicht bei einem Fußballturnier zwei Verteidiger im selben Zimmer untergebracht, weil das immer schon so war. Wenn der eine flexibel und gruppenaffin ist und der andere ordnungsliebend und eigen, dann sind Konflikte vorprogrammiert, die sich bis in die Leistung der Mannschaft und den Teamerfolg fortsetzen können. Platt gesagt, will der eine am Abend vor dem Spiel noch Party mit der Mannschaft auf seinem Zimmer machen, und der andere braucht seine Ruhe und innere Einkehr.

Dave hatte diese einfache und sehr wirksame Erkenntnis, die die deutsche Fußballnationalmannschaft unter ihrem Trainer Klinsmann 2006 mit zu außerordentlichen Erfolgen verholfen haben soll, für die betriebliche Praxis adaptiert und fruchtbar gemacht.

Und siehe da, der Workshop mit allen Mitarbeitern aus Pauls Unternehmen führte zu der Erkenntnis, dass sein Team in höchstem Maße flexibel war und Ordnung hinten anstellte. Der betriebswirtschaftliche Erfolg war nur gegeben gewesen, solange der Gründer den Part der ordnenden Hand übernommen hatte und war entfallen, nachdem Paul den Laden übernommen hatte.

Diese beiden Erkenntnisse sollten Chris nachhaltig in Erinnerung bleiben. Auf der einen Seite die beiden Unternehmer Paul und Chris, die auch bei Höchstgeschwindigkeit, anders als die meisten Menschen, furchtlos blieben und nach dem

Forscher Reiss also ein weit überdurchschnittlich ausgeprägtes Ruhemotiv auslebten. Auf der anderen Seite das übereifrige Team im Unternehmen, das nach Reiss, mit deutlich unterausgeprägter Ordnungsorientierung ohne böse Absicht im Begriff war, ein ehedem erfolgreiches Unternehmen dauerhaft in der Verlustzone zu versenken.

GEMEINSAMER KAMPF

Vermögensverwalter Wolf hatte den Großteil seines Geldes in einer nicht börsennotierten Aktiengesellschaft im Badischen investiert, die, im Pharmabereich tätig und wirtschaftlich sehr erfolgreich, auf inzwischen 300 Mitarbeiter gewachsen war.

Mit kreativen Methoden, die den Rahmen von Recht und Regeln zum Vorteil des Unternehmens aktiv ausnutzten, hatte der Unternehmensgründer, bei dem Wolf als Minderheitsaktionär mit eingestiegen war, seinen Mitaktionären Einflussnahmen und Dividenden, wo immer möglich, vorenthalten. Zeitgleich hatte er, ohne Aktionärsbeteiligung, Tochter- und Schwesterunternehmen gegründet, die wesentliche Anteile der Gewinne erwirtschafteten und nur von ihm selbst kontrolliert wurden.

Wolf und die anderen Minderheitsaktionäre waren in einer machtpolitischen Zwickmühle gefangen. Sie hatten keine Kontrolle über ihr Geld, erhielten keine Dividenden und konnten ihre Aktien nicht an Dritte verkaufen. Mit Hilfe von Anwälten hatten die Aktionäre schließlich dafür gesorgt, dass der Gründer vom Vorstandsposten abberufen wurde und dass erheblicher Schadenersatz zu ihren Gunsten eingefordert und, wo angebracht, auch strafrechtliche Konsequenzen eingeleitet wurden.

Der damalige Aufsichtsratsvorsitzende kannte Chris aus vorigen Mandaten und stellte ihn dem Aufsichtsrat vor, als den Mann, der die zerstrittene Situation würde managen und eine Befriedung würde herbeiführen können. Der Aufsichtsrat, dem auch der Gründer angehörte, stimmte dem zu, und so wurde Chris Vorstand der AG.

Als der Gründer Chris mit keiner seiner Maßnahmen davon abbringen konnte, seinen Job als Vorstand der AG zugunsten des Unternehmens zu machen und deshalb die juristischen Schritte gegen ihn nicht einstellte, tat er alles dafür, Chris wieder zu entmachten. Er sorgte für Mehrheiten zur Umbesetzung des Aufsichtsrates und funktionalisierte diesen, Chris wieder abzuberufen. Dabei war er sich seines Sieges sicher.

Da hatte er aber nicht mit der kurzfristigen Wirkung von Chris kommunikativer Kompetenz gerechnet, die dafür gesorgt hatte, dass sich in kurzer Zeit, von der Belegschaft, über die Gewerkschaft bis hin zu den Banken, die Stakeholder allesamt hinter ihn gestellt hatten. Mit Unterstützung des Anwalts der Aktionäre hatte bald auch der neue Aufsichtsrat Einsehen, wegen heftiger privater Haftungsrisiken, und bestellte Chris wieder zum Vorstand. Was diesem eine gesicherte Vorstandsposition auf breiter Basis von Unterstützung aller Mitarbeitenden, Shareholder und Stakeholder sicherte.

Letztlich war auch der Gründer zur Einsicht gezwungen, im Angesicht der Prozessrisiken gegen ihn. Und zeigte Bereitschaft, die Situation durch einen Verkauf der Unternehmensgruppe zu lösen.

Chris hatte nun Gelegenheit, sein betriebswirtschaftliches Repertoire in Ruhe umzusetzen. Er optimierte die Arbeitsabläufe und den Warenbestand. Er reduzierte die Durchlaufzeiten und steigerte die Gewinne. Er fand Einvernehmen mit dem Betriebsrat und beteiligte Mitarbeiter an Erfolgen. Er installierte ein Führungsteam und informierte den Aufsichtsrat regelmäßig ausführlich. Die Rendite und der Unternehmenswert stiegen damit deutlich.

So traten Kaufinteressenten auf den Plan, die äußerstes Interesse an der Unternehmensgruppe zeigten. Chris managte den Due Diligence Prozess, führte die Verhandlungen und brachte den Deal zum Erfolg. Alle Anteilseigner erhielten ein attraktives Übernahmeangebot für ihre Aktien, und die allermeisten verkauften. Selbst der Gründer ging, nach Verrechnung mit den juristisch geltend gemachten Forderungen gegen ihn, mit einem Millionenbetrag nach Hause.

Wolf bot Chris das Du an, unterstützte ihn tatkräftig beim Rückkauf ihres Hauses von Chris‘ Eltern und lebt seitdem als vermögender Privatier. Innerhalb von zwei Jahren war für Chris alles erledigt, und die neuen Eigner brachten ihre eigenen Leute in die Unternehmensführung mit.

An der Firmenadresse im Nobelviertel der Münchner Innenstadt führte ein massives eisernes Tor in die Tiefgarage ins moderne Gebäude neben der Villa. Wie sich herausstellte, war die Tiefgarage nachträglich bis unter die Villa gebaut worden und ging über mehrere Etagen in die Tiefe, vermutlich atombombensicher, für die wichtigen Leute der Welt.

Wie es der Zufall wollte, kamen die Investoren zeitgleich an und parkten ihre Boliden auf reservierten Plätzen. Die Bugatti- und Maserati-Dichte in diesem Keller fiel auf. Porsche ging gerade so. Chris‘ BMW SUV gehörte offenbar schon zum Prekariat. Der Aufzug führte direkt in die Konferenzetage der Investoren, die das Unternehmen der Pharmabranche soeben übernommen hatten. Chris war als Vorstand der AG weiter rechenschaftspflichtig, und die Aufsichtsratssitzung stand an: diesmal am Standort der Investoren, nicht am Unternehmenssitz.

Chris erinnerte sich an die Erstbegegnung im Konferenzcenter des Flugplatzes. Zwei smarte Typen in ihren Dreißigern kamen in Begleitung einer grauen Eminenz vom Fach und führten das Wort, während die Eminenz schwieg.

Schlanke Figur, langes Haar, offener Kragen, Maßanzug und die Gewohnheit, über das erste und letzte Wort zu verfügen, machten sich breit.

Der kleine Einblick, den sie in die Kapitalherkunft und die Kapitalverwaltung der Münchner Finanzelite boten, sprach Bände. Sie waren mit Geld potenter Family Offices betuchter Privatiers ausgestattet, die ihre Renditen aus Firmenvermögen gewinnbringend anlegen wollten.

Die Stadt ist voll von diesen Private Equity Units, die mit Investorengeldern sämtliche Märkte screenen, um auch im Bereich des Mittelstandes interessante Zukunftsbranchen und -unternehmen zu identifizieren und aufzukaufen. Die Branche hat vertiefte Bedeutung für alle Familienunternehmer, deren eigene Kapazitäten nicht mehr dafür ausreichen, sich auch noch um ihr Privatkapital zu kümmern und dies nicht nur Investmentfonds überlassen wollen. Selbstredend sind Eigentümer des bekannten Autobauers am Standort mit beträchtlichen jährlichen Dividenden beliebte Geldgeber für Vermögensritter jeder Couleur.

Die beiden smarten Herren, die Chris im Beisein der grauen Eminenz gegenübersaßen, kokettierten ganz offen mit ihrem Zugang zu diesen Quellen. Der eine verfügte über die Kontakte auf Partys seiner Eltern als Networking Leader, der andere über das Mikromanagement der Investments, die gerade en vogue waren. Smarte Boys, ans Ansagen gewöhnt und mit anderer Leute Geld ausgestattet, verstanden es so, selbst ihr Glück zu finden und ihr Vermögen zu machen. Je größer das Rad, das sie drehen würden, desto kleiner konnte ihre prozentuale Beteiligung ausfallen, um einen guten Schnitt, vielleicht sogar den Deal ihres Lebens zu machen.

Die beiden hatten sich auf den Aufkauf von Seniorenheimen spezialisiert. Nach dem Konzept Buy and Build wurde das Ensemble für die Kategorie der nächstgrößeren Investoren bis hin zu Finanzanlegern, wie Banken und Versicherungen, die es in der Stadt ebenfalls reichlich gab, umso attraktiver, je größer und bedeutender das Ensemble war, um nach ein paar Jahren mit viel Gewinn weiter zu verkaufen.

Die Seniorenhäusergruppe war inzwischen mit annähernd einhundert Heimen in einer privaten Trägerschaft so groß geworden, dass ihr ein Versorger zur weiteren Optimierung der Kostenstrukturen, wie das Unternehmen, für das Chris tätig war, gerade recht kam. Die besonderen Einkaufskonditionen als Großhändler würden eine satte Kostensenkungsspur in der Gruppe ergeben und damit die Rendite des Gesamtensembles erheblich steigern, was zur Wertbildung und Verkaufbarkeit den gewünschten Beitrag beisteuern würde.

Der Teufel steckt, wie immer, im Detail. Die Branche der Seniorenbetreuung war auch zu Chris' Projektzeit schon in einer schwierigen Situation. Personalmangel und reichlich Betreuungsbedarf wurden auf Kosten guter Leute und guter Löhne dennoch so weit optimiert, dass zweistellige Umsatzrenditen entstanden: Traumrenditen mit Seniorenbetreuung, so dass selbst Kapitalanleger mit hohen Renditeansprüchen zugriffen.

Chris wusste nicht, was ihn mehr anwidern sollte. Die gerade überwundene Situation mit dem Unternehmensgründer, der es mit Recht und Gesetz nicht so genau nahm, wenn er ein schnelles Geschäft für sich einstielen konnte. Oder diese Smart Boys, die in demonstrativer Bescheidenheit mit einem 3er BMW vorfuhren, wenn sie ihre Anlageobjekte besuchten und im Tiefkeller oder auf Investorenevents ihre Zugehörigkeit zur Schickeria zelebrierten: und ihr eigenes Glück auf Kosten einer Armee unterbezahlter und überbeschäftigter Krankenpflegerinnen machten.

Entsprechend lief die AR-Sitzung. Chris hatte das zuletzt in der Soziologie-Vorlesung erlebt, nur diesmal umgekehrt. Er verstand jedes Wort, aber die andere Seite wollte nichts verstehen. Längst ging es nicht mehr um Inhalte, sondern um die Frage, wer das Unternehmen führt. Er oder sie? Dafür gab es nach der Übernahme durch die Smart Boys eine klare Antwort: den goldenen Handschlag.

ERFOLGREICHE GENERATIONEN

In Chris‘ Nachbarstadt betrieb der Unternehmer Abel seine Unternehmensgruppe bereits in siebter Generation. Das älteste Unternehmen der Region wirkte nun schon im dritten Jahrhundert seines Bestehens in direkter Erblinie des Gründers.

Die Spezialisierung auf die Metallindustrie war in der Region typisch. Die letzte Umstellung von Produkten und Produktionstechnik auf die Anforderungen der neuen Zeit bedeutete für das Unternehmen unter Leitung von Abel eine große Herausforderung. Der Kapitalbedarf für die Umstellung war von Eigentümerseite allein nicht zu stemmen gewesen. Und so war ein ganzes Konsortium von Banken bei Laune zu halten.

Sein Erfolgscontrolling hatte Abel bereits außerordentlich gut aufgestellt, für mittelständische Unternehmensverhältnisse. Allerdings litt die Lieferbereitschaft unter dem eingeschränkten Betriebskapital. Angesichts knapper Renditen würden andere Wege, als weitere Finanzmittel der Banken, greifen müssen.

Chris coachte die zweite Führungsebene des Unternehmens, während sich Abel weiter um Kunden und neue Märkte kümmerte. Der Schlüssel lag in der Struktur der Kapitalbindung im mehrstufigen Fertigungsprozess mit Zwischenlägern. Die Führungsmannschaft lernte unter Chris‘ Anleitung, die Hebel zur Optimierung der Kapitalbindung zu identifizieren. Sie optimierten Fertigungsprozesse, reduzierten Zwischenläger, beschleunigten Betriebsaufträge und steigerten die Termintreue für Kundenaufträge.

In kurzer Zeit entspannte sich die Finanzsituation, Mittel für Investitionen wurden endlich frei, und Chris‘ Job war nach einem Jahr erledigt. Abel arbeitet weiter an der Unternehmensentwicklung für die achte Generation seiner Kinder.

Das Projekt bei Abel bot Chris weiteres Anschauungsmaterial für das Thema Bonität von Unternehmen.

Der größte und wichtigste Hof der Region wurde zu seinen Kindheitszeiten nach fast einem Jahrhundert abgewickelt.

Die Firma seiner Schwiegereltern war über einhundert Jahre alt und ließ sich nicht mehr retten. Jedenfalls nicht mit seinen Möglichkeiten.

Henrys Unternehmen dagegen war auch annähernd ein Jahrhundert alt und strotzte, nach Chris gemeinsamer Zeit mit Henry, vor Kraft. Die Banken standen Schlange und wollten mitspielen. Aber Henrys Unternehmen verdiente in dritter Generation bestens und investierte auch ohne Banken so viel, dass auch die vierte Generation das Unternehmen würde lange Zeit eigenständig halten können.

Bonität kommt von Bonus, also Vorteil. Aber das sagt viel zu wenig. Sie ist DER Code im Business. Ist die Unternehmerin, der Unternehmer oder das Unternehmen kreditfähig? Wird es empfohlen? Ist es bekannt? Ist es begehrt? Ist es kompetent? All das steckt in diesem Code und noch viel mehr. Und das Ganze stelle man sich dann noch über viele Generationen und lange Zeitläufte vor. Es ist das Eine, ein Unternehmen erfolgreich zu leiten, etwas völlig anderes ist es, dies generationenübergreifend mit ganz unterschiedlichen Menschen zu schaffen.

Abel hatte in dieser Kategorie DEN herausragenden Maßstab gesetzt. Als industrielles Fertigungsunternehmen über ein Vierteljahrtausend und in siebter Generation immer wieder Antworten auf die Anforderungen der neuen Zeit zu finden, ist außergewöhnlich und geradezu der Inbegriff der Bezeichnung Familienunternehmen.

Umso mehr zeigen sich in den Anpassungsleistungen an die jeweilige Zeit der aktuellen Generation oft die Herausforderungen der Zeit, die mit einer Technologieinnovation verbunden sind oder von neuen Produkten und Produktionsverfahren gekennzeichnet sind. Bei Abel war eine solche Anpassungsleistung aus jüngster Vergangenheit noch erkennbar.

In entscheidenden Gesprächen über die Zukunft des Unternehmens bis hin zu kleineren Investitionsentscheidungen sind die Eigner des Unternehmens bisweilen in illustrer Gesellschaft, der gegenüber sie sich detailliert zu verantworten haben, was mitunter absurde Züge annimmt.

Auf der einen Seite ist der Unternehmer Profi seiner Branche und detaillierter Kenner seines Unternehmens mit seinen Betrieben, auf der anderen Seite sitzen Verwaltungsangestellte aus dem mittleren Management lokaler Banken, deren Kompetenzen nicht in diesem Bereich liegen. Sie müssen aber ihre formale Machtposition vertreten, und treten daher zumeist bei Entscheidungen auf die Bremse, um nicht hausintern neue Gremienbeschlüsse zu benötigen oder gar selbst ins Feuer zu geraten, wenn Risikopositionen auf sie zurückfallen.

Wenn in diesen Gremien Vertreter von Investoren sitzen, wird die Lage nicht besser. Sie sind zwar meist risikoaffiner, aber dementsprechend auch machtbewusst und anspruchsvoll in Sachen Gewinnbeteiligung.

Wenn Abel diese Hürde seiner Generation bewältigt haben wird, wird auch er ganze Arbeit geleistet haben. Gerade in kritischen Anpassungssituationen eigenständig und allen

Widrigkeiten zum Trotz entscheidungsfähig zu bleiben, ist eine Klasse ganz eigener Art, von der in Deutschland und in weiten Teilen Europas das gesellschaftliche Fundament getragen wird.

Chris hatte es zu Tränen gerührt mitzuerleben, wie sich Unternehmer Abel wirtschaftliche Fesseln anlegen ließ, von einem ganzen Gremium unternehmerisch nicht kompetenter Entscheider, die nur die Kriterien der Bankenaufsicht verwalten und Risiko weitgehend ausschließen müssen. Auch wenn das aus Sicht der Banken zur Sicherung deren Eigenbilanz komplett nachvollziehbar und richtig ist, werden nicht selten unternehmerische Entscheidungen ver- oder behindert, und zwar umso mehr in Situationen, in denen verzögerte Entscheidungen die Erfolgsbasis des Unternehmens, also die Bonität, noch mehr belasten.

Chris wusste nur zu gut um das Engagement von Unternehmern aus ihrem Privatvermögen, um den nachhaltigen Fortbestand des Unternehmens auch gegen diese Widrigkeiten zu sichern. Und Abel hatte seinen größten Respekt dafür, sich in der Anpassungssituation lieber mit inkompetenten Entscheidern zu umgeben, als fremde Investoreninteressen an seine Seite zu holen. Oder gar an Verkauf zu denken.

Was für eine dramatische, aber erfolgreiche, unternehmerische Genealogie!

FASZINIERENDES PRODUKT

Peer war ein vermögender schweizer Ruheständler nach erfolgreichem Unternehmerleben. Er war in dem kleinen Land sehr gut mit Seinesgleichen vernetzt, und Rosenzüchten allein wäre ihm zu langweilig gewesen.

So gründete er ein Konsortium auf Basis einer bestechenden Idee, die den Engpass von Investorenkapital für mittelständische Unternehmen lösen sollte. Unternehmer im Ruhestand, wie er, mit hinreichend Erfahrung, sollten sich in Mittelstandsunternehmen mit Kapitalbedarf einkaufen und ihnen Hilfestellung aus ihrer eigenen Kompetenz mit auf den Weg geben: also ein Business Angel Konzept. Gehebelt wurde das Ganze über einen Finanzierungspartner, der sich mit größeren Kapitalbeträgen zusätzlich beteiligte und aus einem der größeren schweizer Kreditinstitute refinanziert wurde.

Als sich Peer mit einem Kompagnon zu 50% in ein hoch interessantes Technologieunternehmen der Sportfliegerbranche in Norddeutschland eingekauft hatte, kontaktierte er Chris, den er aus einem vorherigen Mandat kannte. Chris wurde CEO der Unternehmensgruppe, deren anderer Eigentümer der Gründer, Erfinder und Ingenieur des Unternehmens war.

Der Markt der Ultraleichtflieger hatte sich nach Öffnung in Deutschland auch EU weit dynamisch entwickelt. So produzierte und verkaufte das Unternehmen nur wenige Jahre nach Gründung täglich einen Flieger, der am eigenen Flugplatz eingeflogen, optimiert und dort auf Wunsch an Kunden übergeben wurde. Nachdem Peer sich dort eingekauft hatte, zog sich der Gründer auf seine Kernkompetenz zurück, die Entwicklung.

Das Tagesgeschäft war führungslos geworden, und Chris hatte viel zu tun, die Kapazitäten der 120 Mitarbeitenden und die Bedarfe im Markt in Einklang zu bringen. Er setzte sein übliches Repertoire so schnell um, wie noch nie. Kaufmännisches Controlling, ERP-System, Erfolgsbeteiligung für Mitarbeiter, Prozessoptimierung, Vertriebscontrolling.

Besonders interessant wurde die von den Eigentümern beschlossene Internationalisierungsstrategie. Dazu wurde außerhalb Deutschlands und außerhalb weniger anderer Länder der Welt, in denen die erleichterten Ultraleichtflugrechte akzeptiert wurden, der zum Teil sehr aufwändige Prozess der Zertifizierung für die Flieger nötig, bevor sie in den Zielländern betrieben werden durften. Das bedeutete hohe Hürden für den Markteintritt in Großbritannien, in den USA, und besondere Herausforderungen bot auch China, wo der Luftraum prinzipiell noch dem Militär zugeordnet blieb und nur temporäre oder räumliche Korridore für private Flieger zur Ausnahme geöffnet wurden.

So war Chris‘ CEO Welt von der spannendsten Konstellation geprägt, die er bis dahin erlebt hatte. Das Kerngeschäft für Ultraleichtflieger in Deutschland, Frankreich, einigen EU-Ländern und wenigen weiteren Exotenländern war stabil und von einem interessanten Klientel geprägt. Die Menschheit war seit Jahrhunderttausenden auf den Beinen, nutzte seit 5.000 Jahren das Rad, konnte aber erst seit hundert Jahren Fliegen. So gehörte jeder Pilot zur Creme de la Creme der Menschheit und wollte sich entsprechend ausleben. Unterschiedlichste illustre Persönlichkeiten zelebrierten ihren Luftsport und waren hochinteressante Gesprächspartner für Chris.

Das Neugeschäft der neuen Märkte in den Ländern, die auf Zertifizierung, auch für die Sportfliegerei, setzten, kam einer kostspieligen Start Up-Situation gleich und erforderte immer wieder frisches Gründungskapital. Chris fand Wege, die Bilanz der Unternehmensgruppe sauber zu halten, indem die Investitionen für die neuen Märkte, Technologien und Produkte aktiviert werden konnten, um den Investoren Zukunftsperspektiven aufzuzeigen. Er organisierte öffentliche Fördermittel, um außerordentliche Erträge zu generieren. Auch kümmerte er sich selbst um den Aufbau des Chinageschäftes, wo die außerordentliche Investitionsbereitschaft dieses Marktes für das Unternehmen hohen Nutzen bot.

Er begleitete die Delegation des Ministerpräsidenten nach China, akquirierte Partner für ein millionenschweres Entwicklungsprojekt und konsolidierte die örtlichen Vertriebspartner mit Einbindung eines befreundeten Chinaexperten.

„Wie macht man in der Luftfahrt ein kleines Vermögen? Indem man mit einem großen anfängt.“ Das war der treffende Leitspruch des Unternehmensgründers, der sich aus diesem Grund schon von 50% seiner Anteile getrennt hatte, ohne selbst Kasse machen zu können.

Die nächsten Finanzierungsrunden fielen dem neuen Investor Peer nach einiger Zeit selbst auf die Füße, als sein Konstrukt, das noch eine Vielzahl weiterer Beteiligungen managte, juristisch unter Beschuss stand. Es geriet in den Sog einer der größten Finanzskandale, die die Eidgenossen je erlebt hatten. Der Beteiligungsfonds des Konsortiums, der aus einer namhaften schweizer Bankengruppe gespeist wurde, geriet in den Verdacht, untreu von einem Geschäftspartner geführt zu werden. Das führte dazu, dass Peers Konstrukt sämtliche Beteiligungen ohne Rücksicht auf Verluste abstoßen musste und das juristische Nachspiel noch lange andauern sollte.

Das Unternehmen wurde an einen Scheich verkauft. Chris hatte in seinen zwei aktiven Jahren rechtzeitig für eine neue berufliche Zukunft gesorgt. Der Gründer konzentrierte sich auf sein neues Sky Diving-Unternehmen, das er mit viel Freude parallel aufgebaut hatte. Peer, mit dem Chris von Anfang an per Du gewesen war, wurde noch während der juristischen Verwicklungen schwer krank und verstarb viel zu früh mit 69 Jahren.

„Lass Dir nichts gefallen", hörte er Toms eindringliche Warnung über die Ohrhörer in sein Hirn dringen. Chris kämpfte mit dem Knüppel zwischen seinen Beinen, der nicht tat, was er sollte. Es handelte sich um den Steuerknüppel des Tragschraubers, in dem er vorn auf dem Pilotensitz saß und hinter ihm Tom, der Fluglehrer, der auch selbst über einen Steuerknüppel verfügte.

Tragschrauber sind eigentümliche Fluggeräte, die zur Kategorie der Ultraleichtflieger mit einem zulässigen Gesamtgewicht von gut 500 kg gehören. Diese Klasse von Flugzeugen existiert erst seit wenigen Jahren, und sie nutzen den Luftraum, der eigentlich frei von Fliegerei bleiben sollte. Im Höhenbereich bis ca. 300 m über Grund ist die Fliegerei unzulässig, mit wenigen Ausnahmen im Umfeld von Flugplätzen oder bei militärischen Einsätzen. Die Luftsportausübung in diesem geschützten Bereich mit Fallschirmspringen und Segelfliegen entwickelte sich aber weiter. Gleitschirme kamen auf und darauf basierend Motorgleitschirme, die die Motorfliegerei in den ursprünglich gesperrten Luftraum brachten. Die Ultraleichtflugzeuge mit Gewichtsbeschränkung erschlossen diesen Luftraum für die motorisierte Sportfliegerei, Tragschrauber sind darin eine besondere Kategorie.

Technisch werden diese Geräte von einem motorisierten Propeller am Heck angetrieben und von einem selbsttätig kreiselnden Rotor in der Luft gehalten, der vom Gegenwind des Fluges angetrieben wird und den Auftrieb sichert.

Chris erster Probeflug hatte ihn noch positiv beeindruckt. Auch da saß er schon vorne im offenen Cockpit, in dem man sich wie beim Motorradfahren fühlt. Tom hinter ihm überließ ihm das Steuer, ohne dass Chris das klar gewesen wäre. Jedenfalls führte er Toms Hinweise über die Mickey Mäuse, wie der Ohrschutz genannt wurde, offenbar intuitiv so gut aus, dass Tom ihm nach dem Flug bescheinigte, er habe die Kiste komplett allein geflogen, auch beim Start und während der Landung. Wie er erfuhr, war das bei fast allen Anfängern so.

Intuitiv können sie beim ersten Mal praktisch alles allein. Und dann geht das Elend los. Wenn sich das Hirn einschaltet, wird die Flugausbildung zur Tortour. Vor allem das Starten und Landen müssen so lange geübt werden, bis der Vorgang unter allen Umständen vom Körpergedächtnis beherrscht wird. Ansonsten besteht Lebensgefahr. In der Luft herrscht dagegen gähnende Langeweile. Weit und breit kein Gefahrenpotenzial, an das sich der Autofahrer gewöhnt hat, wie Bäume, Kurven, Gegenverkehr, die bei Fahrfehlern in Sekundenbruchteilen zu Unfällen führen können. Der Luftraum ist dagegen leer und das in drei Dimensionen. Eine Kollision ist somit extrem unwahrscheinlich und dennoch das Ereignis, das Piloten am meisten im Blick haben, weil es, anders als Unfälle im Straßenverkehr, in jedem Fall zum Absturz führt und sofort tötet.

Die Crux beim Fliegen ist insofern nicht das Steuern durch die Luft an sich, sondern die Navigation, die bei

Sportfliegern im Sichtflug ohne Instrumente geschieht. Gefahren lauern also aus ganz anderer Ecke: schlechtes Wetter mit Sichtbeeinträchtigung oder Dunkelheit vor der Landeankunft, dicht gefolgt von zu wenig Sprit wegen unterschätztem Gegenwind. In der Summe also alles Punkte, die nicht von der Technik, sondern vom Piloten ausgehen, wenn er sich nicht genügend auf diese Bedingungen einstellt, weshalb der Pilotenausbildung so hohe Bedeutung zukommt.

In der Flugschule heißt das erstmal, bis zum Abwinken Starten und Landen zu üben, bis das Körpergedächtnis für alle möglichen Situationen die richtigen Reaktionen am Steuerknüppel und an den Pedalen für Höhen- und Seitenruder parat hat. Beim Starten und Landen ergibt sich zwangsläufig jedes Mal eine Singularität, wenn das zweidimensionale Rollen über die Start- und Landebahn in das dreidimensionale Schweben im Luftraum übergeht und umgekehrt. Während die Bahn also fest und verlässlich ist, ist die Luft darüber immer in Bewegung, mit Winden von unterschiedlichen Seiten, mit Böen und Richtungsänderungen. Auch der Übergang vom festen Rollen auf der Fahrbahn zum gleitenden Schweben in der Luft, wie auch umgekehrt beim Landen, ist immer anders und nur bedingt berechenbar. Was durch spontan richtige Reaktionen der Hand am Steuerknüppel und der Füße auf den Pedalen für das Seitenruder abgefangen werden muss, damit alles gut geht und keine Unfälle beim Starten und Landen passieren, die beim Tragschrauber heftig ausfallen können, wenn grobe Pilotenfehler im Spiel sind. Das Drehmoment des Rotors will auch im Fahrmodus auf der Landebahn sicher beherrscht sein, wegen der starken Drehkraft im Verhältnis zum leichten Fluggerät.

150 Starts und Landungen brauchte Chris, bis er den Flugschein hatte und sich zu selbst bestimmten Zielen auf den Weg machen konnte. Das bedeutete 50 Stunden gemeinsame Zeit mit Tom, dem versiertesten Fluglehrer, den man sich wünschen konnte, der als Mann der ersten Stunde der Tragschrauber in Deutschland so vielen Menschen Freude und Sicherheit beim Fliegen nahegebracht hatte.

Und doch fiel Tom, in seinem sechzigsten Lebensjahr, einem sogenannten Luftzerleger, 50 m über der Landebahn, zusammen mit einem unglücklichen Flugschüler, selbst zum Opfer.

INTELLEKTUELLE WERTE

Hannes aus Chris' Nachbarschaft hatte seine Karriere im Management längst hinter sich und betätigte sich als Business Angel in Mittelstandsunternehmen. Mit einer Bankenfusion war er zu einem ordentlichen Vermögen gekommen und beteiligte sich an einer kleinen Aktiengesellschaft in einer süddeutschen Großstadt und war mit dieser als Aufsichtsratsvorsitzender verbunden. Er stellte Chris, den er aus Vormandaten kannte, dem Gründer und Vorstand Viktor vor. Hannes ging es vor allem darum, dass er mit seinem Minderheitenpaket in der AG eine Perspektive erhielt, seinen Exit vorzubereiten. Dazu war die Wertsteigerung des Unternehmens dringend geboten, wenn er einen guten Schnitt machen wollte. Voraussetzung dafür war eine Optimierung von Produktivität und Rentabilität: Chris' Metier.

Viktor, als Gründer und Vorstand, führte sein Unternehmen seit Studienzeiten. Als promovierter Jurist hatte er sich stets für Intellectual Properties in Handel und Industrie interessiert. Unternehmen hatten weltweit darauf zu achten, dass ihre Patente in wichtigen Zielmärkten geschützt und bei Bedarf rechtzeitig erneuert, erweitert oder verlängert würden. Im Bereich der Markenrechte für Wörter, Bilder, Jingles oder Düfte waren die Anforderungen aufgrund unterschiedlicher und zum Teil kürzerer Fristen und regionaler Besonderheiten noch größer, was weltweit aufgestellte Konzernunternehmen vor Herausforderungen stellte. Dem Risiko von Fristversäumnissen mit großem Schaden für die Markenwerte der Konzerne begegnete Viktor mit juristischen Dienstleistungen seiner 120 Mitarbeiter, die für die Konzerne das Problem lösten.

Als in seiner Unternehmensgruppe eine Aufsichtsratsposition vakant wurde, entschied er sich für Chris, nachdem Hannes ihm mehrere Kandidaten vorgestellt hatte. Viktor entschied sich für Chris, weil dessen breite unternehmerische Erfahrung im Bereich Abläufe, Prozesse, Personalführung und Finanzen in inhabergeführten Unternehmen ihn überzeugte.

Wie sich herausstellte, arbeitete Viktor zielstrebig an der Steigerung des Unternehmenswerts für seine Unternehmensgruppe. Chris erhielt neben seinem Mandat als Aufsichtsrat zusätzlich Beratungsmandate und gab der Unternehmensführung um den Unternehmer Viktor Hinweise zur Durchlaufoptimierung und zur Renditesteigerung.

Als Viktor sich entschlossen hatte, einen Käufer für seine Unternehmensgruppe zu finden, begleitete Chris ihn bei den Verhandlungen, bei der schriftlichen Präsentation des Unternehmenskonzeptes und im komplexen Due Diligence Prozess. Chris‘ Aufsichtsmandat mit zusätzlichen Beratungsaufträgen lief über drei Jahre, bis der Verkauf der Unternehmensgruppe in trockenen Tüchern und sein Auftrag erledigt war. Viktor bot ihm das Du an und lebt seitdem in seinen Sechzigern als vermögender Privatier vom Verkaufserlös seines Lebenswerks. Und Hannes in seiner bereits gut situierten Position als Privatier bekam noch einen ordentlichen Nachschlag aus dem Verkauf seines Minderheitenanteils am Aktienpaket.

EIGENE KOMPETENZ

Chris war mal wieder auf der Überholspur unterwegs zum Kunden, auf der linken, der dritten Spur, genau genommen. Die Bahn war frei und der Weg noch weit. Sein SUV hatte Power und Zeit ist Geld. Also ließ er die Pferde laufen. Sein Grundsatz, künftig immer zweimal hinzusehen, hatte er seit dem Motorradunfall immer im Gepäck. Seitdem fuhr er über hunderttausende Kilometer unfall- und kratzerfrei.

Das übliche Elefantenrennen der LKW, die sich für wenige km/h Geschwindigkeitsunterschied kilometerlange Überholmanöver lieferten und damit die erste und zweite Spur für den sonstigen Verkehr praktisch verriegelten, spitzte sich zu. Einer der Elefantenrenner war offensichtlich von den Rennkollegen derart genervt, dass er flugs verbotenerweise auf die dritte Spur wechselte und damit Chris seine Tiefflugschneise nahm. Bei zweihundert Sachen ergab sich ein sofort dringender Bremseffektbedarf um 120 km/h auf wenigen verbleibenden Metern. Eine lebensgefährliche Situation für Mensch und Maschine, die gegen die schiere Masse des LKW mit Auflieger keine Chance hatten. Auf den letzten Zentimeter und unter Zuhilfenahme des Grünstreifens links neben der Autobahn bis zur Mittelleitplanke, bannte Chris, mit sofortiger Vollbremsung seines SUV, die brenzliche Situation.

Bei seinen vielen Fahrten hatte er gelernt, das Unerwartete mit einzukalkulieren und schon im Ansatz registriert, dass dieses LKW-Ungetüm ihm an die Kehle wollte. Eine andere Form des zweimal Hinsehens: Mit den Augen der anderen Fahrer sehen und so das Unerwartete rechtzeitig erkennen.

Soweit es möglich war, stieg er in den Flieger oder in die Bahn, um die Anreisen zum Kunden gechillt zu erleben, doch so mancher Mittelständler hatte seinen Unternehmenssitz in abgelegenen Regionen, weswegen Autofahren Berufsbegleitung und Berufsrisiko blieb.

So waren seine liebsten Mandate im Zentrum von Metropolen, wo er vom ICE zu Fuß oder mit ÖPNV eine schnelle Verbindung zum Kunden hatte. Eines dieser Mandate war Chris intensiv in Erinnerung geblieben.

Der Gründer war promovierter Experte und hatte seine Company über drei Jahrzehnte erfolgreich aufgebaut. Mit achtstelligem Euroumsatz und ordentlicher Rendite verfügte sein Unternehmen über mehr als einhundert Mitarbeiter und war gut im Markt etabliert. Mit diesem Menschen saß Chris oftmals bis tief in die Nacht zur Besprechung beim Dinner. Seine Vertrauensposition spielte ihm viel persönliches Insiderwissen zu und bot Ansätze für die Beratung, um wichtige Dinge im Unternehmen zu ändern. Dieser Unternehmer stand sich allerdings selbst im Wege, um seine Company in die nächste Liga zu führen. Die Kombination aus fortgeschrittenem Alter und absolutem Kontrollbedürfnis brachte ihn, genau wie sein Unternehmen, an den Rand des Wahnsinns.

Er hatte eine ganze Reihe von Menschen mit wohlklingenden Führungspositionen ausgestattet. Persönlich entscheiden und unterschreiben durfte allerdings nur er selbst. Das führte bei den Führungskräften abwechselnd dazu, dass sie lost im Nirwana auf sich selbst gestellt waren, wenn er eine seiner mehrwöchigen weltweiten Geschäftsreisen tätigte oder dass sie die Anschaffung selbst von Kleinigkeiten legitimieren mussten, wenn er im Betrieb anwesend war.

Für ihn selbst führte sein Führungsstil und seine absolute Verweigerung von tatsächlicher Entscheidungsdelegation zu hunderten Emails pro Tag, die er bearbeiten musste und regelmäßigen Nächten ohne gesunden längeren Schlaf, seit Jahren. Wiewohl von bester Gesundheit, schlank und sportlich, sah er irgendwann den Preis seiner Eigenart, die ihn schon eine Ehe gekostet hatte und dauerhafte Einsamkeit einbrachte. Und er sah, dass er die Reife der eigenen Kinder als Unternehmer nicht abwarten konnte, wenn er überleben wollte. So traf er die einzig richtige Entscheidung und machte sein Unternehmen mit Chris‘ Hilfe hübsch, um es zu verkaufen.

Chris blieb für immer in Erinnerung, wie selbst eine höchst qualifizierte Person es nicht übers Herz zu bringen verstand, das unternehmerisch Richtige zu tun und anderen Leuten reale Entscheidungskompetenz zu übertragen. Vielleicht war diese Aufgabe für den Puristen wirklich eine unmögliche Angelegenheit. Umso richtiger war die Verkaufsentscheidung, die ihn von heute auf morgen zum vermögenden Privatier machte.

BEGRENZTE KRAFT

Betty kannte Chris aus der Zusammenarbeit in Pauls Unternehmen. Sie hatte einen Sohn, Sören. Sören war zwölf Jahre jünger als Chris und mit ihm direkt per Du. Er hatte als Ingenieur im Werkzeugbereich, in der Nachbarstadt einen Werkzeughandel für das Handwerk aufgebaut und war darüber schwer krank geworden. Aufgrund einer ernsthaften Erkrankung war er nicht mehr arbeitsfähig, wenn er auch noch über viele Ideen für sein Unternehmen verfügte. Ein langjähriger Geschäftspartner hatte Sören stets vertreten und sich sukzessive unentbehrlich gemacht. Nun war er im Begriff, das Unternehmen von Sören ganz zu übernehmen, ohne ihm einen entsprechend fairen Kaufpreis dafür anzubieten.

Chris wurde von Betty für Sören engagiert und übernahm die operative Geschäftsführung mit dem klaren Auftrag, die feindliche Übernahme abzuwehren. Stattdessen sollte er das Unternehmen verkaufsfähig entwickeln und einen seriösen Käufer dafür finden

Chris sorgte mit Betty für die Trennung und Abfindung des übergriffigen Partners. Er verschaffte dem Unternehmen frische Finanzmittel und sorgte für die Aktualisierung der komplexen Technik in den Bereichen Computer, Netzwerk, ERP-System und Webshop. Er optimierte die Kostenstrukturen und die Kalkulation und sorgte für einen effizienteren Einsatz der erheblichen Aufwände für den Handel über Internet, der einen Großteil des Geschäfts ausmachte.

Die Umsätze des Unternehmens wuchsen, und die erfolgreichen Maßnahmen wurden sehr aufmerksam in der Branche registriert. Chris besuchte mit Sören einen der führenden Produktionsunternehmer der Branche, dessen Unternehmenskonsortium zwei Milliarden Euro umsetzte. Der

Unternehmer begeisterte sich für Sörens Aufbauleistung, zollte Chris‘ Führungsleistung Respekt und bot Sören einen guten Preis. Chris bewältigte die anschließende Due Diligence Phase in Rekordzeit, und alle Zutaten für den Deal waren perfekt.

Sören geriet derweil in einen neuen Krankheitsschub und sagte den Deal kurzerhand ab. Auch Betty gelang es nicht, ihn davon abzuhalten. Allein auf dem Markt, der auch im Bereich spezialisierter Handwerkszeuge zunehmend kapitalisiert und konzentriert wurde, hatte Sörens Company keine Chance, was dieser nicht einsehen wollte oder konnte. Chris begleitete Betty und das Unternehmen noch bis zu Sörens Wiedereingliederung und verabschiedete sich nach gut zwei Jahren aus dem Unternehmen. Inzwischen wurde das Unternehmen zwangsweise verkauft. Der Gründer wurde Angestellter bei dem Unternehmenskonsortium, dem er den lukrativen Deal zum Verkauf zuvor ausgeschlagen hatte und fand so eine neue Zukunft für sich, die seinen gesundheitlichen Einschränkungen entsprach.

BEFREITES AUFTRETEN

Chris hatte Fernwanderungen für sich als Selbstregulationsmittel entdeckt. Seine herausfordernden Mandate brachten oft Selbstüberforderungen mit sich. Sei es die späte Heimfahrt bis tief in die Nacht durch das halbe Land. Seien es mit Terminen vollgestopfte Tage im Unternehmen. Seien es Crash Verhandlungen, in denen es oft auch um seine eigenen Vertragsgrundlagen ging. Seien es Fernreisen mit Rund-Um-Die-Uhr Programmen. Das Unternehmerleben forderte heraus, und es motivierte dadurch auch zu Höchstleistungen. Chris hatte das Glück, seine Aufmerksamkeit über lange Zeiträume und mit wenig Ruhepausen halten zu können. Das half ihm enorm dabei, Projekte in Unternehmen voran zu treiben und auch, erfolgreich zu sein.

Aber das fokussierte Leistungsleben hatte auch Nachteile. So brauchte Chris ausgerechnet dann viel Ruhezeit, wenn er bei seiner Familie zu Hause war und zu Urlaubszeiten.

Gerade in den schwierigsten Survival Zeiten entdeckte Chris den Business Walk für sich. Zunächst ging er einfach allein mit Rucksack hinaus in die Welt, meist über schöne Naturwege durch Wald und Flur, und unternahm eine Fernwanderung mit zwei Zwischenübernachtungen in Jugendherberge, Pension oder Hotel. Am ersten Tag lief er sich alle angestauten Ärgernisse aus Kopf und Körper. Am zweiten Tag spürte er, wie sein Stoffwechsel wieder sauber wurde und seine Gedanken frei. Den Effekt nannte er Sauerstoffdusche. Am dritten Tag stellte sich nicht selten ein geradezu euphorisches Gefühl ein, das es Chris erlaubte, wieder mit Kraft und Energie in seine Tagesaufgaben zurück zu finden.

Mit der Zeit fand Chris heraus, dass sich sein persönliches Refreshment-Programm auch auf andere übertragen ließ. Er pflegte Freundschaften, mit denen er sich auf Business Walks begab, einen intensiven Gedankenaustausch unterwegs unterhielt und feststellte, dass bei seinen Gesprächspartnern derselbe Effekt eintrat. Chris registrierte, dass die Natur uns eben doch alle gleich geschaffen hatte, um draußen unterwegs zu sein.

Mit den positiven Erfahrungen setzte er den Business Walk zunehmend auch in seinen Mandaten mit Erfolg ein, zum Beispiel, wenn es um ein Mitarbeitergespräch ging oder um eine Verhandlungsvorbereitung. Stets wurde dieses Gesprächsumfeld von den Gesprächspartnern dankbar und engagiert angenommen. Das inspirierte Chris dazu, den Business Walk als Dienstleistung öffentlich anzubieten.

Ein Walkpartner war damals Chris' Chef, der psychisch schwer erkrankt war und sich anfangs noch in klinischer Behandlung befand. Chris hatte von klein auf mit psychisch kranken Menschen zu tun, die es in der Nervenklinik zu Hauf gab, auf deren Hof er aufgewachsen war. Für Chris gab es insofern keine Kranken, sondern nur besondere Menschen, vielleicht mit besonderen Eigenheiten.

Sobald es möglich war, begab er sich mit dem ‚kranken' Chef auf Wanderschaft und stellte fest, dass auch bei ihm der Business Walk half. Die dunkle Stimmung wich einem heiteren Gespräch. Das tiefe Schweigen wandelte sich zu beredtem Austausch, und der für Chris wichtige Informationsaustausch zum Unternehmensgeschäft kam in Gang.

Er suchte einen Fernwanderweg aus, der in der Nähe vom Wohnort des Chefs schnell zu erreichen war und dessen Etappen immer wieder fortgesetzt werden konnten, sobald sich Bedarf zeigte. Und Bedarf zeigte sich bei diesem schwierigen Projekt immer wieder.

Der ‚kranke' Chef war stolz auf seine Aufbauleistung. Das durfte er auch sein. Aber Chris verstand, dass das spezialisierte Geschäft in ungewöhnlich hohem Maß Vertriebskosten forderte, die den amerikanischen Cyber-Mitarbeitern, vor allem den Algorithmus-Maschinen bei Google, Amazon und Paypal zuflossen, während für die realen menschlichen Mitarbeiter die Erlöse aus dem Tagesgeschäft zunehmend nicht mehr auskömmlich waren. Eine Lösung musste her.

Chris schnappte sich kurzerhand auch die Mitarbeiter des Unternehmens zu kurzen Business Walks. Alle waren froh über die willkommene Abwechslung, das Personalgespräch oder strategische Überlegungen, beim Weg um die Talsperre, mit anschließender Einkehr, statt im altbekannten und nüchternen Besprechungsraum, führen zu können. Jedenfalls entstanden auf diesem Weg aus den Besprechungen mit den einzelnen Beschäftigten und mit regelmäßigen Zusammenkünften der Gesamtbelegschaft die relevanten Anregungen zur Stabilisierung des Geschäfts.

Besonders eindrucksvoll blieb Chris in Erinnerung, dass er sich mit dem Instrument des Business Walks tatsächlich in die Lage versetzen konnte, die Führungsperson des ‚kranken' Chefs über lange Zeit zu ersetzen und wie viel Motivation das in den Mitarbeitern und Mitarbeiterinnen auslöste, die sich noch mehr für ihr Unternehmen einsetzten und engagierten.

KLUGE ENTSCHEIDUNG

Sandy hatte mit Henry gesprochen, lange nachdem Chris sich wieder selbstständig gemacht hatte. Vor einiger Zeit war ihr Mann nach kurzer schwerer Krankheit verstorben. Mit ihm zusammen hatte sie die Bauunternehmung aufgebaut. Die Spezialität ihres Mannes waren Eigenprojekte, mit denen schon einige Immobilien im Eigenbestand als Kapitalanlagen ihr Vermögen bildeten. Zuletzt hatten sie sich an eine größere Nummer gewagt und das benachbarte Altenheim übernommen, kernsaniert und erweitert. Nach dem Tod ihres Mannes war ihrer beider ältester Sohn in seine Fußstapfen getreten und hatte die Führung des Unternehmens übernommen, mit Unterstützung des langjährigen Steuerberaters. Sie hatte das zugelassen, nachdem sie voller Trauer darüber zurückblieb, dass ihr Glück zu einem so frühen Ende gekommen war.

Nun aber wurde ihr mulmig. So sprach sie mit ihrem Nachbarn Henry, der als Unternehmer sehr bekannt war. „Sprich Chris an, es gibt keinen besseren dafür“, sagte er zu ihr.

So wurde Chris zuerst zu ihrem Berater, dann zum Coach ihres Sohnes, dann zu ihrem Begleiter bei allen geschäftlichen Entscheidungen und damit zu einem guten Freund.

Chris begleitete Sandy über viele Jahre. Half Ihr und ihrem Sohn, den wirtschaftlichen Erfolg der Bauunternehmung und des Altenheims wieder deutlich zu verbessern. Half ihr dabei, ihre eigenen Finanzierungen für die Kapitalanlagen zu optimieren und gab ihr und ihrem Sohn immer wieder Tipps für die Weiterentwicklung ihrer Unternehmensgruppe.

Eines Tages überraschte und irritierte Chris Sandy mit der Frage, ob sie ewig leben wolle. Sie war immer noch mehrheitlich an ihrer Unternehmensgruppe beteiligt. Die Führung erfolgte weiter von ihrem Sohn, und nach der sehr erfolgreichen Restrukturierung würde eine bessere Gelegenheit zum Verkauf nicht kommen. Für Chris war das leicht zu sehen und klar zu sagen. Für Sandy war das eine schallende Ohrfeige. Sie konnte sich einen Verkauf und gesicherten Ruhestand ohne ihr Geschäft nicht vorstellen und reagierte zunächst pikiert.

Chris ließ ihr Zeit. Nach wenigen Tagen überraschte nun wieder sie ihn. „Ich will verkaufen und endlich meine Ruhe haben", sagte sie ihm.

Chris begleitete sie bei den Verhandlungen, zog für sie einen befreundeten Anwalt hinzu und arbeitete mit ihr das nötige Programm ab. Zunächst gab sie ihrem Sohn die Möglichkeit für ein Angebot zur Übernahme ihres Anteils, selbstverständlich zu einem Vorzugspreis innerhalb der Familie. Der Sohn wollte aber für die Anteile keine Finanzierung aufnehmen und lieber seine Mutter als Investorin an seiner Seite halten, was auch der Steuerberater empfahl.

Doch Sandy war entschlossen, sich aus geschäftlichen Risiken zurückzuziehen und setzte sich mit Chris' Unterstützung durch. Sie fanden einen guten Kompromiss, indem das Seniorenheim mit gutem Gewinn für beide verkauft wurde, und die Bauunternehmung übertrug Sandy im Gegenzug ihrem Sohn. Das ganze Projekt zog sich, mit viel Diskussion innerhalb der beiden Generationen, über zwei Jahre hin und wurde für alle Beteiligten ein voller Erfolg, was für Nachfolgeregelungen im Mittelstand nicht immer der Fall ist.

Sandy bot Chris schon weit vor der Transaktion das Du an und dankte ihm seine Leistungen mit einer attraktiven Prämie. Sie lebt als engagierte Autodidaktin im Heilwesen inzwischen geschäftlich sorgenfrei, unter weiterer Beratung von Chris, bei der Verwaltung ihrer Kapitalanlagen.

Chris war von seiner Natur her mit einer guten Gesundheit ausgestattet. Er verstand es, alle Strapazen des Unternehmerberufes gut wegzustecken. Mit seinen Fernwanderungen hielt er sich halbwegs fit, und das immer präsente Burn-Out Risiko hielt er sich vom Leib.

Dennoch spürte er, dass niemandem Gesundheit geschenkt wird. Selbst bei seiner gut entwickelten Resilienz gegen Stress durch die vielen Feuer, durch die er gegangen war, bekamen die Jahre Gewicht. Sprichwörtlich in Kilos, vor allem aber durch die Alterung seines Leibes. Fitness bekam er nicht mehr geschenkt, und den Preis des Erfolges begann er auch körperlich zu spüren.

Wieder einmal war ihm die rechte Person zur rechten Zeit geschickt worden. Sandy hatte ihren Mann viel zu früh an die übelste Sorte Krebs verloren. Seit ihrem sechzehnten Lebensjahr war er an ihrer Seite gewesen. Fleiß, Ehrlichkeit und Hilfsbereitschaft waren ihr gemeinsames Erfolgsrezept. So hatten sie ihre Unternehmensgruppe aufgebaut. Als ihr Mann schwer krank wurde, begann sie sich intensiv mit heilpraktischen Methoden zu beschäftigen und verschaffte ihm die richtigen Heilansätze, die über die schulmedizinischen Behandlungen hinausgingen. Sie sollten das Leiden ihres Mannes entlasten helfen, die tödliche Diagnose war aber nicht mehr abwendbar.

Sandy, fortan auf sich allein gestellt, war von den neuen Impulsen inspiriert, blieb am Ball und eignete sich profundes Heilerwissen an. Ihre Anwendungserfolge im gesamten Familien- und Bekanntenkreis gaben ihrem neuen Lebensmittelpunkt recht. Immer mehr Menschen strömten zu ihr. Den meisten konnte sie Schmerz lindernd helfen.

Sandy hatte sich mit traditioneller chinesischer Medizin beschäftigt und modernere Anwendungsformen für heilende Impulse auf Akupunkturpunkte erlernt. Sie war darüber hinaus auf wundersame Weise mit Menschen in Kontakt gekommen, die die übermenschliche energetische Welt für irdische Anliegen wirksam zum Einsatz brachten. Besonders beeindruckend war eine neue Denkrichtung, die sich an jüngste Erkenntnisse von Quantenmechanik und Astrophysik anschloss. Mit diesem Ansatz sollte es möglich sein, im Frequenzbereich weit über technisch möglichen Messungen, Leidensquellen, die um und im Menschen wirken, zu beeinflussen und letztlich abzustellen.

Diese Art experimentelle Medizin, genau genommen Nichtmedizin, faszinierte Chris. Und es entsprach seinem Forschernaturell, dass er alles ausprobierte. Somit fand Sandy in ihm einen interessanten Probanden, an dem sie ihre Künste weiter vervollkommnen konnte. Während Chris sie durch die Untiefen unternehmerischer Entscheidungen führte, bis sie sich nach dem Unternehmensverkauf ganz ihrer neuen Profession widmen konnte und sich ganz darauf konzentrierte, anderen Menschen zu helfen.

So kam es, dass Chris vor seinem sechzigsten Lebensjahr in jeder Hinsicht dafür sensibilisiert war, was menschliche Sterblichkeit bedeutete und auch, was menschliche Lebendigkeit zu erhalten vermochte.

EWIG WIRKEN

Meine Liebe
Kennt keinen Anfang
Und sie kennt auch nicht den Tod
Auch wenn ich bin
Längst vergangen
Leuchtet sie noch dunkelrot

Leuchtet sie noch
Dunkelrot

Hubert von Goisern
Dunkelrot, 2020
(Hochdeutsch nach dem original österreichischen Songtext)

GESETZTES ALTER

Chris spürte, dass er sich verändert hatte. Als Macher und Durchstarter mit 48 Jahren führte er seitdem ein Leben auf der Überholspur. Im wahrsten Sinne. Er hatte Mandate über die ganze Republik verteilt, zu weiten Teilen parallel. Seine Bilanz zählte über eine Million Autokilometer und ungezählte Flüge. Kurz, er hatte sich an der Natur vergangen. Er, der Landwirtssohn, schraubte fleißig die CO_2 Bilanz der Atmosphäre nach oben und lebte auf großem, ökologischem Fußabdruck, was ihn störte.

Er lebte aber auch sein eigenes Leben nicht gesund, verging sich an der Ökologie seines eigenen Leibes. Im Schnitt hatte er seit seiner Jugend jedes Jahr ein Kilo zugelegt und trug inzwischen einen ordentlichen Bauch vor sich her. Mit den ersten Konsequenzen: Blutdruckmittel, Statine und Hormone begleiteten ihn durch seine Fünfziger. Seine Fitness hielt er dennoch mit langen Wanderungen aufrecht, die auch sein Unfallbein noch bereitwillig mitmachte. Später entdeckte er das E-Biken für sich und spulte ungezählte Kilometer ab.

Als er längst stramm auf seine Sechziger zuging, setzte eine heftige Besinnung bei ihm ein. Er wollte nicht mehr seine gesamte Zeit verkaufen und wählte seine Mandate danach aus. Er wollte und musste dennoch weiter gutes Geld verdienen und verhandelte klüger: vereinbarte Provisionen, Erfolgsprämien und Kündigungsfristen, die ihm den Druck des kurzfristigen Erfolges nahmen und viel Hast und Hetze aus seinem Leben eliminierten.

So fand er auch Wege, mit heilpraktischen Anwendungen von seinen Medikamenten wieder loszukommen, von denen er sich sediert fühlte. Er folgte einschlägigen heilpraktischen

Untersuchungsmethoden und staunte über die Früherkennungspotenziale, die darin steckten. Der marode Backenzahn war ihm schon zwei Jahre avisiert worden, bevor er schmerzte und gezogen werden musste. Eine Schwermetallbelastung wurde gesehen und ausgeleitet, bevor das Blutbild Werte dazu ausspuckte. Der viel zu dicke Bauch beherbergte nicht nur das schädliche Viszeralfett, sondern anscheinend auch schädliche Pilze und Parasiten, die vertrieben werden konnten.

Chris lernte, seine Speisen gesünder zusammenzustellen und den Konsum schädlicher Bestandteile, wie Zucker, Gluten und gesättigte Fette zu reduzieren. Und er lernte, dass er von Kindesbeinen an einen guten Instinkt dafür gehabt hatte, was ihn besonders gut nährt. Er aß nie gern Obst, liebte aber Gemüse. Er zog geschmortes Fleisch Kurzgebratenem vor. Er gewöhnte sich gern an mehr Fisch, weniger Fleisch und sehr viel mehr Gemüse, Salat, frische Öle, Nüsse und vieles mehr. Fand aber nie den Zugang zu Fleischersatz.

Er gewöhnte sich ohne Schwierigkeiten Zucker und Milch im Kaffee ab, nahm Tee in seine Getränkeliste auf und ging zurück zum Ursprung, nämlich Wasser. Ohne Kohlensäure, gefiltert und energetisiert, einfach und direkt aus seinem Hausanschluss, stets und jederzeit in großen Mengen.

Leberreinigung, Mikrobiompflege des Darms, Sauerstoffdusche für das Blut, draußen mit Wandern oder Radeln, stoppten den Trend der Gewichtszunahme und sorgten wieder für selbsttätige Regulation des Blutdrucks, ohne Tabletten und ohne Arztbesuche, von gelegentlichen Vorsorgeuntersuchungen abgesehen.

Alles schien Chris inzwischen wieder im Griff zu haben. Doch um den Wechsel zu seinen Sechzigern fühlte es sich so an, als habe man ihm den Stecker gezogen.

Er fühlte nur noch Leere ohne jede Motivation für Aufgaben, Ziele oder neue Projekte. Seine Akquisen schliefen komplett ein. Außer gelegentlichen Aufträgen, die sich von selbst ergaben, war er untätig geworden und verbrachte die meiste Zeit Zuhause bei seiner Familie. Das war bis dahin viel zu oft zu kurz gekommen.

Blöderweise fühlte sich das nicht gut an. Denn die Leere betraf nur seinen früher so starken Antrieb zur Tat. Ansonsten war die Leere leider das Gegenteil von leer. Immer noch plagten ihn Sorgen um den nächsten Auftrag, den nächsten Erfolg, die nächste drohende Pleite. Seine 25 Jahre Business, mit einem Leben auf der Überholspur, hatten sich tief in seinen Leib und seine Seele gebrannt. So sehr, dass er seine neue Freiheit gar nicht realisieren konnte. Nicht glauben konnte. Nicht an sich heranlassen konnte. Und anscheinend auch nicht mit ihr leben konnte.

Als er es endlich begriff und bereit war, sein Leben zu ändern und auf die neue Realität des Alters umzustellen, hatte er sich längst an die tägliche Flasche Wein gewöhnt und nicht selten trank er auch mehr. Feierte gern weiter viel, als sei er noch ein junger Student und wartete täglich, bis sein Leib die Folgen davon endlich bewältigt haben würde.

Glücklicherweise war Chris zwischenzeitlich durch seine Heilpraktiker-Erfahrungen sensibilisiert und spürte selbst, was in ihm vorging. Alkohol machte ihm definitiv schlechte Gefühle. Leider erst am nächsten Tag. So also jeden Tag.

Herzstolpern, Rücken-, Muskel- und Gelenkschmerzen kamen regelmäßig am nächsten Tag zu Besuch, umso mehr, je schöner und ausgelassener der Abend zuvor gewesen war. Irgendwann gingen sie nicht mehr weg und blieben für immer.

Chris brauchte Jahre, um nachhaltig zu lernen, dass er sich krankhafte Gewohnheiten zugelegt hatte. Er liebte den Wein. Er liebte das ausgelassene Feiern. Er brauchte es. Warum feierten die jungen Leute heute nicht mehr, wie er, auch seine eigenen Kinder nicht? Hatten sie keine Ziele mehr, deren Erreichen ausgiebig gefeiert werden musste?! Vielleicht.

Chris selbst feierte längst schon keine Ziele und Erfolge mehr. Ein ganz anderer Mechanismus hatte sich bei ihm breit gemacht. Er hatte begonnen, sich zu betäuben. Und nie mehr damit aufgehört. Hatte sein Vierteljahrhundert Überholspur damit überlebt. Hatte jeden Stress damit in Schach gehalten.

Hatte sich selbst damit arbeitsfähig gehalten. Hatte es ausgehalten, immer wieder neue Projekte zu starten. Mit wildfremden Menschen. Mit großen Herausforderungen. Mit heftigen Wissenslücken. Mit viel zu wenig Zeit. Unter steter Beobachtung hunderter Menschen, die für ihn arbeiteten. Und wenigen, für die er selbst arbeitete.

So war der Absacker am Abend zu Chris‘ Produktionsmittel geworden, mit dem er sich auf seinem Weg der Höchstleistungen, auf der Überholspur, gedopt hatte. Bis sein Leib in seinem sechzigsten Lebensjahr streikte und nicht mehr arbeiten, wandern oder E-Biken wollte. Mit seiner Familie konnte er ebenfalls nichts mehr anfangen. Dennoch wehrten sie sich nicht und erduldeten weiter still seinen steten Zufluss.

Bis Chris es endlich schnallte, seine Panikattacken zu deuten und seine Verstimmungen zu bewerten. Und seine Trägheit zu spüren bekam. Er war bereit gewesen, sein Leben abzuschließen. Ja und Nein: er hatte sein Leben bereits vollendet. Er hatte nichts mehr, woran er sein Leben hängen konnte.

Deshalb half es ihm auch nicht mehr, sich weiter zu betäuben. Sich weiter zu vergiften. Sich weiter abzutöten. Sich weiter das Leben zu nehmen. Chris wusste nicht, was er mit seinem Leben weiter anfangen sollte. Er wusste nicht weiter und betäubte sich weiter jeden Tag. Auf dass ihm eine Eingebung aus der Patsche helfen möge. Was nie passierte.

Mit seinem beruflichen Wissen als Ökonom setzte er sich eines Tages hin und zog Bilanz in eigener Sache. Sein Überholspurleben, vor allem der letzten zwölf Jahre, in Verbindung mit dem Clou seiner Eltern, ihr Traumhaus in der Familie zu halten sowie Chris' Engagement, den Ausbau bis hin zu Wärmepumpe und Solaranlage abgeschlossen zu haben, hatte seiner kleinen Familie inzwischen doch zu einem kleinen Vermögen verholfen.

Statistisch gesehen gehörten sie damit zu den obersten fünf Prozent in der Bevölkerung, weit davon entfernt, sich damit reich zu fühlen, im Vergleich zu seinen Mandanten. Einer kleinen Handvoll Menschen war in der Zeit mit seiner Mithilfe insgesamt ein achtstelliges Privatvermögen zugeflossen. Gut, auf Basis ihrer jeweiligen Lebensleistung hatten sie sich das selbst verdient. Aber sie hatten Hunderte, die ihnen dabei behilflich gewesen waren und von denen die meisten noch immer auf ihrem Stand geblieben waren.

Aber so war das System. Von vielen, die es versuchten, stach einer heraus und wurde zum Star, der von allen dafür bewundert und belohnt wurde, es geschafft zu haben. Chris konnte zufrieden sein mit dem Erreichten. Musste zufrieden sein, nachdem er sein Pulver verschossen hatte.

In Sachen Altersversorgung lag er mit Elli zusammen im oberen Zehntel der Durchschnittsruheständler. Was sich auch nicht nach Reichtum anfühlte, aber immerhin eine überdurchschnittliche Versorgung bot, mit der sie klarkommen konnten.

In der Zeit bis dahin würden sie noch Einkommen erwirtschaften müssen, aber eben nur noch für die Subsistenz. Wohnung, Autos, Studium der Kinder, Schulden, alles war inzwischen bezahlt. Sie durften sich im Prinzip aussuchen, wovon sie ihren Lebensunterhalt bestreiten wollten, weil sie keine großen Sprünge mehr machen mussten und mit wenig klar kommen würden. Das Ganze hatte Chris' Leib anscheinend intuitiv gespürt, noch bevor Chris es ganz begriffen hatte. Und ging in Streik. In Aktivitätenstreik.

Chris erkannte zum ersten Mal, dass er leben konnte und durfte, ohne dass er sich verdingte und ein UM ZU von ihm verlangt wurde. Chris machte sich selbst ein großes Geschenk zu seinem sechzigsten Geburtstag. Er gab sich ein Jahr frei.

Ein Jahr zum Lernen, ohne Verantwortung zu leben.
Ein Jahr zum Gesunden.
Ein Jahr zum Reisen.
Ein Jahr zum Ausprobieren.
Ein Jahr zum Finden.
Ein Jahr zum Spüren, wie es sich nüchtern anfühlt.
Ein Jahr Erneuerung.
Ein Jahr Freiheit.
Zum Leben.

FRÜHZEITIGES ENDE

Er lag vor ihnen, in einer kleinen Urne, die geschmackvoll in einem kleinen Schrein verpackt war.

Zunächst hatte es so ausgesehen, dass er es schaffen könnte. Nach der Diagnose, die normalerweise niemand überlebt. Jedenfalls nicht länger als ein paar Wochen.

Er hatte es fast auf zwei Jahre gebracht. Zwei Jahre fast wie früher. Aber im Wissen, dass es nicht mehr lange gehen wird. Er wusste, dass er keine Zeit zu verlieren hatte, nach der Operation, für die er einen begnadeten Chirurgen gefunden hatte, und dessen Empfehlung zur anschließenden Chemotherapie er ausschlug. Stattdessen vertraute er auf seine Heilpraktiker. Vielleicht zum Glück.

Das Schicksal schenkte ihm jedenfalls eine zweite Chance, brachte ihn schnell wieder auf die Beine und stählte seinen eisernen Willen. Er unternahm ausgedehnte Reisen, wie er es sich immer gewünscht hatte. Zelebrierte einen wunderschönen Alpencross per E-Bike mit seinen besten Freunden. Feierte die Freuden jedes Tages, als wäre es sein letzter. Auch und gerade ohne alkoholische Getränke. Widmete sich seinen familiären Beziehungen. Die unter seinem umtriebigen Berufsleben sehr gelitten hatten. Er gewann neue Freunde und erlebte wieder seinen unbändigen Tatendrang. Feierte den Jahrestag seiner Wiedergeburt durch die OP und schaffte ein weiteres halbes Jahr. Voller Erlebnisse. Ereignisse. Friede. Und Freude.

Bis es wieder da war. Das Böse in ihm. Der Schmerz in ihm. Das Leiden in ihm. Das sich seiner jeden Tag mehr bemächtigte. Seine Kraft vereinnahmte. Seinen Tatendrang erschwerte. Zunächst. Dann lähmte. Und ihn ihm ganz nahm. Zuletzt.

Ein weiteres halbes Jahr hatte er tapfer weitergekämpft und sich diversen OPs unterzogen. Er war schon auf der anderen Seite gewesen, nicht nur einmal, und kämpfte sich noch einmal ins Leben zurück. Gab allen Willen, den je ein Mensch aufgebracht hat. Und rief sie wieder zusammen. Ein Jahr später. Seine allerbesten Freunde. Und seine beiden Schwestern. Fuhr mit ihnen nochmals die wunderbare Strecke über die Alpen. Alle mit dem E-Bike. Er, der inzwischen Abgemagerte, mit dem Auto. Er wusste es.

Alle ahnten es.

Es sollte seine Abschiedstour werden. Es wurde die schönste Tour, die sie jemals erlebt hatten. Im emotionalen Ausnahmezustand von unbändiger gegenseitiger Hilfsbereitschaft beseelt. Voller Lachen und Herzlichkeit gegen die Härte der Welt. Es wurde die Krönung seines Lebenswerks. Allgäu, Tirol, Vinschgau, Südtirol. Mit Ausklang an seinem geliebten Gardasee. All das hatte er geschafft. Hatte er ihnen geboten. Hatte er seiner Welt geschenkt.

Bis es zu Ende ging.

Im Beisein seiner Schwestern.

Seiner Mutter.

Seiner Liebsten.

Nachdem er verstanden hatte, dass er auf verlorenem Posten kämpfte. Dass er seine Willensenergie vergeblich bemühte. Dass er ja sagen musste. Zum Unausweichlichen. Bis er endlich „Ja“ sagte. Und sein alter Forschergeist wieder erwachte. Und er es endlich wissen wollte, was jetzt käme. Wie es weiterginge. Was es Neues zu erleben gebe.

Er wartete ab, bis er sie alle beisammenhatte. Bis er sie noch einmal um sich spürte. Noch ein letztes Mal. Sich von ihnen geschätzt fühlte. Sich von ihnen geliebt fühlte. Ohne Bedingungen. Ohne Leistungen. Ohne Streit. Endlich. Im Frieden. Mit sich. Und der Welt.

Entschlief er.

Zur Mittagszeit.

Mitten im Sommer.

Im Sommer seines Lebens.

Chris erhob seine Stimme und begann mit seiner Laudatio auf seinen besten Freund Matze, wozu ihn seine Hinterbliebenen gebeten hatten. Matze verstarb am Beginn seines achtundfünfzigsten Lebensjahres, kurz nachdem Chris sein sechszigstes vollendet hatte.

Es war Chris‘ erste Grabrede. Und Matze wollte es schön lustig haben zu seiner Beerdigung. Wie sollte man das anstellen, wenn einer viel zu früh ging und alle im emotionalen Ausnahmezustand hinterließ? Die Mutter, die ihr Kind beerdigt? Die Schwestern, die ihren großen Bruder beisetzen. Die Geliebten, denen er das Glück auf Erden bereitet hatte? Die Kinder, die zu ihm aufgeschaut hatten? Die Freunde, die mit ihm seelenverwandt gewesen waren. Wie Chris.

Natürlich gab es keinen Trost. Das Leben ging weiter. Ohne Matze. Er fehlte ihnen. Sie vermissten ihn, und es schmerzte. Er hatte ihnen vorgelebt, zu was der Mensch fähig ist. Wozu allein der zähe Wille fähig ist, jeden Schmerz zu ertragen, aus jedem Tag lebenswerte Ereignisse zu machen und sich niemals unterkriegen zu lassen.

So gingen sie gemeinsam durch ihr Leid. Ließen ereignisreiche Episoden aus ihrem Leben mit Matze wieder aufleben.

Gedachten ihm und sprachen am offenen Grab. Nicht nur Chris als Hauptredner. Auch die Mutter. Die Schwestern. Die Lebensgefährtin. Eine Verflossene. Auch eine Hand voll Freunde kam spontan zum Grab und ließ ihn hochleben: Matze, ihren Spezi. Dem sie damit nicht nur ihre letzte Ehre erwiesen, sondern auch seinen letzten Willen vollstreckten. Dass es schön sein solle. Denn sie beließen es nicht bei Ansprachen, Beisetzung und Trauer.

Anschließend liefen sie noch gemeinsam Matzes Lieblingswege. Wurden ausgelassen. Unterwegs. Zu Fuß. In Gelassenheit. Mit Einander. Sich meist zum allerersten Mal in ihrem Leben begegnend. Weil Matze viele individuelle Freundschaften pflegte.

So wurde es ein Tag voll wunderbarer Begegnungen, Gespräche und Erinnerungen, der mit einer abschließenden Einkehr, voller Freude, Fröhlichkeit und Liebe endete.

Matzes letztes Geschenk nahmen sie dankbar an und heiligten damit einen unvergesslichen Menschen.

Chris wusste, dass er zwei große Dinge im Leben von seinem Freund Matze gelernt hatte. Er hatte ihm gezeigt, wie es möglich war, das Leben bis zur letzten Sekunde auszukosten und selbst Schmerz und Leid nicht die Macht über das eigene Wollen zu überlassen.

Chris traf einen wegweisenden Entschluss. Er hörte auf, sich zu betäuben. Er verbannte den Alkohol aus seinem Leben, weil er wieder klar werden und seinen Willen zurückhaben wollte.

Chris dankte Matze, dass er ihm den Weg gewiesen hatte, bevor er seinen eigenen Weg vollenden würde, indem er das in seiner Grabrede, der Trauergemeinde gegenüber, offen aussprach:

„Matze, mein Freund, ich danke dir. Du bist unser aller Weg voraus gegangen: als deinen Schüler lässt du mich zurück.“

NEUER SCHWUNG

Chris hatte seinen Meister gefunden. Viele Leute träumen lebenslänglich von ihrem Ruhestand. Und etliche davon verstehen sich anscheinend exzellent darauf, diesen auch zu genießen.

Chris traf die Silberlinge überall: Im Café seines Heimatortes, beim späten Frühstück. Im Restaurant zum Lunch, wenn überhaupt ein Restaurant zum Lunch zu finden war. Im Eissalon am Nachmittag. Die frisch verrenteten Babyboomer wollten es jetzt wissen und endlich ihre Freizeit und Freiheit genießen. Das taten sie ausgiebig. Das Leben sollte noch nicht vorbei sein für sie.

Überall traf er sie. Im Flieger und in Sternehotels an Wintersonnenorten der Azoren, der Karibik und der afrikanischen und südeuropäischen Mittelmeerländer. Und auf Studienreisen. Im Vollbesitz ihrer verrenteten Lebensleistung waren die meisten von ihnen offensichtlich stolz darauf, sich den neuen Luxus aus Sonne, Zeit und Events leisten zu können.

Von nichts ließen sie sich anscheinend stören, angesichts der Ansprüche, die sie sich erworben hatten, im Vollbesitz ihrer Kaufkraft für arbeitsfreie Erlebnisse als Tourist und Konsument. Weder die Armee der südasiatischen Schiffsbesatzung auf AIDA und Co., noch die prekär Beschäftigten in den Sternehotels rund um den Globus, ließ sie offenbar daran zweifeln, dass alles so richtig sei.

Für Chris war das anders. Auch er erkundete das moderne Kreuzfahrerleben, nahm teil an geführten Studienreisen durch exotische Länder, machte ausgiebige Wohnmobilreisen zu den schönsten Destinationen Europas und traf

Hunderte, Tausende, Zigtausende, die es nicht mehr zu Hause hielt.

Gerade unter Caravanern war das Überwintern an südeuropäischen Küsten beliebt und erzeugte, außerhalb der Saison, mitunter Engpässe auf Campingplätzen. Andere entdeckten südliche Hotelanlagen mit Dumpingpreisen als ihr Sonnendomizil, während nordeuropäischen Schmuddelwetters.

Einige, die er traf, suchten explizit Traumziele zum Niederlassen, wo sie das Preis- und Leistungsniveau auch als Durchschnittsrentner einen hohen Lebensstandard genießen ließ. Die EU bot dabei eine historische, in Europa nie da gewesene, Freiheit zur Bestimmung der neuen Wahlheimat.

Chris bewunderte diese Menschen. Sie hatten anscheinend ihr Glück gefunden. Waren glücklich damit, in den Tag hinein zu leben. Genossen die Sonne. Jeden Tag. Zelebrierten Mahlzeiten draußen. Liebten ihr Leben Outdoor. Sie schienen nichts zu vermissen, wenn das Wetter im Winter die großen Vorteile gegenüber der Heimat ausspielte, wo die meisten ein Refugium behielten, um die heiße Sommerhitze im Süden zu vermeiden und ihre Gesundheitsvorsorge zu Hause gesichert zu haben.

So wurden auch die Hotspots des heimischen Sommertourismus an Nord- und Ostsee, an den Binnenseen, in den Mittelgebirgen und noch mehr im Alpenraum sukzessive immer voller. Und immer teurer. Viele Silberlinge, wie Chris Seinesgleichen nannte, kannten anscheinend kein zu Hause mehr.

Und litten zunehmend an Personalmangel: für die Pflege ihrer Immobilien, für einen anständigen Service innerhalb der Gastronomie, für notwendige Handwerker und noch so viel mehr. Die Gesellschaft änderte sich dabei so rasant, dass viele den Widerspruch gar nicht spürten, an Personalmangel zu leiden und gleichzeitig den EU-Binnenmarkt gegen Zuwanderer abschotten zu wollen.

Chris beobachtete diesen Zielkonflikt live im Zusammenhang mit dem sogenannten Brexit. Er besuchte London kurz zuvor und erkannte, dass der gesamte Service von Migranten ausgeführt wurde, während die City of London von beschlipsten Hipstern weltweit Finanzströme dirigieren ließ. *Wollen die sich demnächst alle selbst bedienen?* fragte sich Chris. Ihre eigene Müllabfuhr, Büroreinigung, Bus- und LKW-Fahrer, Restaurantservice, wollten sie all das von britischen Natives machen lassen?! Das Ergebnis war kurze Zeit später zu bestaunen: Leere Supermarktregale, leere Tankstellen, eingeschränkter ÖPNV, eine neue Dienstleistungswüste. Auch seinen Landsleuten schien Ähnliches bevorzustehen, davon war Chris überzeugt.

Sein Jahr Privatzeit schenkte Chris ein neues Lebensgefühl. Er hasste es, in den Tag hinein zu leben. Begann aber zu verstehen, dass es nur den aktuellen Tag für ihn gab, den es zu würdigen und zu beleben galt. Der ihm alles zu bieten vermochte. Der die ganze Welt in sich barg, wenn er verstand, dass er sein Lebensgefühl selbst bestimmte. Wenn er lernte, sich mit dem zu beschenken, was ihm guttat, das ihn Hier und Heute erleben ließ und ihn zu sich selbst führte.

Er genoss es, endlich Zeit für seine Familie zu haben, mit Elli endlich ausgedehnte Reisen zu unternehmen und Zeit für seine Töchter zu haben. Er kultivierte es, täglich draußen auf dem Rad unterwegs zu sein, was ihm mehr als guttat. Er gesundete spürbar. Und seine Laune besserte sich. Voll und ganz in seiner Mitte war er auf Trecking Touren mit seinem E-Bike in Begleitung guter Freunde. Der Mix aus draußen sein, angeregten Unterhaltungen und schönen Landschaften, bei jedem Wetter, wurde für Chris zum Inbegriff von Luxus, einem gigantisch lebendigen, gegenwärtigen Lebensgefühl: ohne dass materieller Luxus dabei eine wesentliche Rolle spielte. Das Ganze war auch als Selbstversorger unterwegs und in günstigen Herbergen mit fast jedem Budget möglich.

Chris spürte dennoch, wie er bei deutlich besserer Gesundheit und zurück gewonnenem Lebensmut täglich unruhiger wurde. So viel er auch das Jahr seiner Privatzeit mit Aktivität füllte oder auch mit Muße die Zeit verstreichen ließ, umso mehr spürte er, dass er nicht das Leben führte, das er wollte.

Das Leben als Konsument und Tourist mochte für eine ganze Generation Lebensziel und Innbegriff ihres Glücks sein, für Chris war das zu langweilig. Für ihn beantwortete das NICHT seine Frage danach, was er mit seinen Sechzigern anstellen solle, anstellen wolle.

Chris erkannte, dass er sein ereignisvolles Leben bei Weitem nicht nur als Getriebener geführt hatte. Er fühlte, wie viel es ihm bedeutete, an Aufgaben beteiligt zu sein, die über sein eigenes Dasein hinaus wirkten. Er vermisste die tiefgründige Kommunikation über Business-Ziele, die der privaten Kommunikation eigentümlich fremd ist. Er sehnte sich nach dem Austausch mit Machern, die sich noch nicht zum alten Eisen zählten. Und er erinnerte sich mit warmem Herzen an das Glück, das er hatte, vielen jungen Menschen, auf ihrem beruflichen und privaten Lebensweg entscheidende Impulse mitgeben zu dürfen. Und die heute zum Teil ordentliche Schritte nach vorn gemacht hatten.

Chris fühlte, dass ihn ein Leben als Konsument und Tourist vor allem zu einsam machte, selbst mitten unter seinen

Lieben und seinen Freunden. Ihm fehlte das Entscheidende, das seinen bisherigen Lebensweg so sehr beseelt und bereichert hatte.

Er war in seinem Leben ein immer Lernender. Er war Autodidakt. Und hatte in vielen Neuanfängen von der Pike auf gelernt, sein jeweils nächstes Abenteuer zu bestehen. Chris setzte sich einer solchen Vielzahl von neuen Lernumfeldern aus, wie es für andere äußerst ungewöhnlich war. Gab sich nie zufrieden mit dem Erreichten. War unzufrieden mit Stillstand. Er war zufrieden, wenn nichts stillstand und sich Manches positiv entwickelte.

Nun hatte er im Müßiggang seinen Meister gefunden. Sollte, konnte, wollte er lernen, in den Tag hinein zu leben? Oder gehörte er zu den Unzufriedenen, denen nach einem Dichterwort angeblich die Welt gehörte? Steckte er in der Unruhe des eingesperrten Raubtieres fest, das die alten Griechen mit dem Begriff ENERGIE, als nicht abgerufenes Potenzial bezeichneten, während der in Freiheit jagende Puma auf seinem Maximum der DYNAMIK in der äußersten körperlichen Bewegung sich in seinem ausgeglichensten Energiezustand und in der Ruhe seiner Seele befindet?

Chris ahnte, dass er wieder busy sein musste. Nein, er WUSSTE es schon.

Und er SPÜRTE es.

EPILOG: TRAUM OHNE ENDE

Chris sah seine Vorfahren mit verschwielten Händen kraftvoll ihre Heugabeln greifen. Sah sie in Gesellschaft mit einer großen Zahl anderer Menschen ihre Arbeit tun.

In gleißender Sonne.

Sah den Staub der Arbeit über die Felder wehen.

Sah ihre Gesichter, die Anstrengung zeigten, verschwitzt und wettergegerbt waren. Die von Wille und Kraft geprägt waren. In denen sich die seltsame Mischung aus Leid und Vergnügen mischte, die sich nur bei schwerer Arbeit einstellt.

Das Bild hielt sich in Schwebe und Chris spürte, dass er die Wahl hatte, weiter zu träumen oder aufzuwachen. Er hielt die Schwebe und wachte nicht auf.

Sah, wie sich die Szene seiner schwer arbeitenden Vorfahren in eine Feierabendszene noch viel älterer Generationen weiterdehnte.

Die mit dem Nötigsten bekleidet das frisch entflammte Feuer schürten. Die eng zusammen rückten und Lieder anstimmten.

Melodien, so alt wie die Welt, untermalten das Lagerfeuer. Das Summen und Klagen. Das Klatschen und Lachen. Der lebendige Dank an den zu Ende gegangenen Tag.

Ihr Triumpf über die Nacht, den ihre Vorfahren schon lange der Eiseskälte des Weltraums über ihnen abgetrotzt hatten, indem sie das Feuer beherrschten.

Wieder hatte Chris die Wahl, im Schweben zu bleiben oder aufzuwachen. Das Schweben hielt ihn, und er entschlummerte wieder, bis er es sah.

Das Feuer wurde von seinen Vorfahren domestiziert und eingehaust. Wärmte Stuben und Paläste und brachte ganze Heerscharen von Menschen unter einem Dach zusammen.

Chris sah, wie sich das Feuer im Kachelofen miniaturisierte und immer öfter angezündet wurde. Und erlosch.

Bis sich der Brennraum des Ofens als Mikrogewölbe zu erkennen gab, in dem der Fußboden immer wieder auf das Gewölbe zuraste, bis das Anzünden des Feuers von allein geschah. Immer wieder. Immer öfter. Immer mehr. Und nebeneinander. Auch hintereinander.

Bis sein Blick sich erweiterte. Und nur noch ein zartes Durchscheinen der kleinen Feuer aus der Dampfmaschine erahnbar blieb, die auf dem Feld seiner Vorfahren das Dreschen der geernteten Gerste antrieb. Damit übernahm sie endlich den schwersten Teil der menschlichen Arbeit.

Wieder schwebte Chris zwischen Wachen und Traum. Was er bemerkte und schnell wieder vergaß.

So schwebte er weiter und sah gleich sechs Dampfmaschinen parallel ihre Luft verdichten und Feuer entzünden. Und er sah, wie sie sich im Motorenraum des Treckers seines Vaters wiederfanden.

Er sah den Motor ungezählte Mikroexplosionen in Antrieb umsetzten und auf dem Feld die Arbeit seines Vaters verrichten, ohne dass er selbst noch schwer zu arbeiten hatte. Und ohne dass außer ihm überhaupt niemand mehr sonst auf den Feldern arbeitete.

Stattdessen steuerten die Menschen auf den Straßen Lastkraftwagen, in denen ebenso Milliarden Mikroexplosionen stattfanden. Wie auch in Lokomotiven, Schiffen, Fabriken, privaten Fahrzeugen immer mehr dieser Feuerchen die große

Dynamik entfachten und die industrielle Revolution befeuerten.

Chris dämmerte aus seinem Traum heraus und sah sich selbst mit seinen diversen Autos Autobahnen entlangrasen und Milliarden von Mikrofeuerchen entzünden, die wie eine Leuchtspur seine Touren markierten.

Er schlummerte wieder ein, verließ seinen Schwebezustand und sah wie im Zeitraffer, wie in Vorzeiten des Menschen Bäume, Sträucher und Gräser wuchsen. Jahr für Jahr, Jahrtausend für Jahrtausend. Seit Millionen von Jahren.

Er sah, wie sie endlose Speicher an Kohlenstoffverbindungen unter sich begruben. Generation für Generation. Hunderte und tausende, unzählige Generationen. Die währenddessen mit ihren Blättern Gase aus der Luft atmeten und photosynthetisch der Erde den Sauerstoff in ihre Luft zurückgaben, während sie den Kohlenstoff in ihren Stämmen, Zweigen und Stängeln speicherten. Und mit sich in den Untergrund nahmen. Das dunkle Schwarz der Kohle unter sich begruben und das helle Oxygen der Atmosphäre schenkten.

Bis sich diese Jahr für Jahr, Jahrtausend für Jahrtausend, über Jahrmillionen aufklärte und den Geschöpfen eine lebenswerte Atmosphäre, ein Paradies schaffen sollte.

Sich der Flora auch die Fauna zugesellte.

Bis sich auch Adam und Eva darin fanden und vom Apfel der Erkenntnis kosteten, die sie ihren Nachfahren mitgaben. Bis diese begannen, sich ihr eigenes Paradies zu schaffen und immer neue Lösungen konstruierten, die der Planet nie zuvor gesehen hatte. Möglicherweise nicht einmal das Universum.

Chris wurde unruhig. Schwebte zwischen Wach und Traum. Fürchtete einen Alptraum. Hatte vergessen, was er fürchtete und gab sich dem Schweben wieder hin. Träumte weiter.

Sah seine Vorfahren als Habenichtse ohne Grundstück, ohne Kapital, doch mit entflammtem Geist in der Nachfolge von Hunderten, Tausenden, Millionen leben und arbeiten.

Die vor ihnen die Sprache erfanden.

Das Feuer zähmten.

Das Rad erfanden.

Und in zunehmender Dynamik Mechanik, Elektrik, Physik, Chemie und Biologie zu einer ungeheuren Entwicklung unter den menschlichen Willen zu menschlichen Zielen entfalteten. Machten Sklavenarbeit damit überflüssig. Konnten Freiheiten bei der Arbeitszeit damit erkämpfen.

Und sich an Luxus der breiten Bevölkerung gewöhnen, der im Mittelalter selbst Fürsten zufrieden gestellt hätte.

Chris wurde unruhig. Sah die Atmosphäre sich rückwärts entwickeln. Sah das schwarze Gold als Kohle, Öl und Gas aus den Tiefen der Erde langsam, aber sicher und immer schneller wieder in die Atmosphäre zurückkehren. Sah, wie sich der Himmel wieder verfinsterte und sein Paradies preisgab. Indem er der Erde einen Pullover anzog und sie zum Schwitzen brachte.

Er sah Wälder in Flammen aufgehen.

Gletscher verschwinden.

Menschen schwitzen, hyperventilieren und sterben.

Zuerst nicht oft und nicht viele.

Dann immer mehr.

Sah sich selbst mit seiner Familie mit ihrem ersten kleinen Vermögen seit Menschengedenken. Sah wie ihr Traumhaus zuerst in heißen Sommern katastrophale Gewitter ab- und in regenreichen Wintern die Sonne nicht mehr zu sehen bekam.

Sah, wie sich Wald und Flur um ihr Haus zu Steppe und Wüste verwandelten. Sah seine Nachfahren zuerst mit dem Wasser kämpfen, dann mit der Trockenheit. Dann mit dem Feuer. Mit wildem, ungezähmtem Feuer, das sie bedrohte.

Das die Menschheit bedrohte.

Das die Fauna bedrohte.

Und das die Flora veränderte.

Das alle Welt bedrohte.

Chris wollte aufwachen. Wollte nicht sehen, was er sah. Wollte flüchten in die Gegenwart, die einstweilen noch Rettung versprach. Er vergaß, was er wollte und träumte weiter.

Er sah, dass er und seine Zeitgenossen mit hell erleuchtetem Geist als gebildete Bürger, wie es sie in Menge, Breite und Tiefe in keiner Generation zuvor gegeben hatte, in eine Falle gelockt worden waren. Alle in den sogenannten freien Gesellschaften ließen sich verlocken und sind in die Falle getappt.

Waren entwöhnt von Anstrengung. Verwöhnt von Bequemlichkeit. Gewöhnt an beliebiges Fahren und Reisen. An Wärme im Winter, Kühle im Sommer, Tafelwasser zur Toilettenspülung und Speisen wie im Schlaraffenland. Die Spitze der Schöpfung, die aktuelle Wirklichkeit, hatte sie alle abhängig gemacht. Abhängig von den vielen kleinen Mikrofeuerchen der Mikroexplosionen in Maschinen, Werken und Kraftfahrzeugen.

Der Treibstoff für diese Sucht gehörte ihnen nicht selbst. Darin bestand die zweite Abhängigkeit. In der Hand sehr weniger Ultravermögender befanden sich die Vorräte, die Flora und Wetter über Jahrmillionen erschaffen hatten. Es war kein

Zufall, dass sie sich in Ländern befanden, die sich für die menschliche Kulturentwicklung zu freien Gesellschaften und rechtmäßigen Individuen nicht die Bohne interessierten. Weil sie nichts tun mussten, außer sich uralte Schätze anzueignen und zu verkaufen. Was sie sich zu Schleuderpreisen leisten konnten.

Die Länder mit freien Gesellschaften und rechtmäßigen Bürgern gewöhnten sich daran, wie an eine Droge. Als energiepolitische Habenichtse ohne eigene Bodenschätze konsumierten sie fremd eingekaufte Energie, als gäbe es kein Morgen mehr. Lange Zeit merkten sie nicht, wie unfrei sie waren gegenüber Energie aus Despoten-Staaten. Wie gewöhnt sie waren an jeden Luxus. Und wie wenig sie vorbereitet waren, das zu ändern.

So tobten Kriege, wirtschaftliche und militärische, um globalen Besitz von Energiequellen. Gesellschaftlicher Streit um die Verteilung von Chancen in und zwischen Staaten griff um sich. Niemand war bereit, das Lebensniveau, das über Generationen erreicht worden war, herunterzuschrauben.

Chris wurde wieder unruhig. Ein uraltes Albgefühl erfasste ihn, und sein Aufwachen war zum Greifen nah, als er es sah.

Er sah das Rettende auch. Er sah, wie die Lösung der Ernährung der Menschen nicht von der Heilsarmee, sondern von Aldi ausging. Sah, wie das Automobil nicht vom Militär, sondern von Daimler erfunden wurde. Sah, wie globale Koordination nicht von Staaten, sondern vom Internet ausging.

Sah, wie das globale menschliche Zusammenwirken nicht von der UNO, sondern von Apple, Microsoft, Google oder Meta ermöglicht wurde.

Und er sah, dass alle Lösungen schon da waren. Sah, dass die Sonnenenergie völlig ausreichte, um den Menschen das erreichte Wohlstandsniveau zu sichern. Allen Menschen. Auf alle Zeit.

Chris sah, dass die Menschen in allen Belangen der Zivilisationsentwicklung stets mit den Füßen abgestimmt hatten. Einerseits waren sie in Scharen Verführern hinterhergelaufen und hatten damit Menschheitskatastrophen ausgelöst und verstärkt.

Andererseits wussten sie schon immer, sich selbst zu helfen. Gingen Arbeit nach. Bauten oder modernisierten selbst. Bereiteten ihre Nahrung selbst. Organisierten sich in Vereinen. Gründeten Unternehmen. Und erfanden Lösungen zu allen Zeiten. Für sich und für alle.

Die Technik zur solaren Energienutzung existierte längst. Es brauchte nur noch Arbeit von allen, darauf endlich zu bauen und die fossile Energienutzung zu beenden. Und den Despoten damit ganz nebenbei deren Nichtsnutz-Paradies zu nehmen.

Was fehlte, war eine Technik, die den Fehler der zurückliegenden zweihundert Jahre wieder rückgängig machen und die von jedem genutzt werden konnte. Und wollte. Eine Technik, die sich so rasend verbreitete, wie Automobile und Smartphones. In Milliardenstückzahlen. Eine Technik, die jeder im Garten, auf dem Balkon oder im Wohnzimmer betreiben konnte. Die ihm selbst, seinen Lieben und der ganzen Erde Mikrodosen von Oxygen zurückgab, Kohlenstoff produzieren ließ und es verkaufen ließ.

Chris konnte es leibhaftig vor sich sehen, wie in ungezählten Vorgärten, Küchen und Balkonen kühlschrankartige

Geräte standen und ein leises Kompressor-Geräusch von sich gaben. Sie saugten kontinuierlich ihre jeweiligen Nanoanteile der Atmosphäre an und bliesen Luft der Atmosphäre durch eine Art Kiemen, in denen der Stein der Weisen des Anthropozän seit einigen Jahren zum Einsatz kam.

Diesen ‚Stein der Weisen' hatten simultan Forscher auf der ganzen Welt in Form eines Katalysators erfunden, der die energiereiche und feste Verbindung der beiden Kohlenstoffatome an das Sauerstoffatom im Kohlendioxid der Atmosphäre so sehr irritierte, dass sie mit einem Minimum an Energiezufuhr aufgespalten werden konnten.

So kam wieder reiner Sauerstoff zurück in die Atmosphäre, während reines Carbon übrigblieb und damit 200 Jahre Menschheitsgeschichte energietechnisch rückwärts zu laufen begannen. Die Atmosphäre wurde nun nicht mehr von den Menschen mit CO_2 angereichert. Ihr wurde nun erstmals, im großen Stil, von Menschen Kohlendioxid entzogen.

An diesem Prozess beteiligte sich bald jede und jeder auf der Erde.

Chris erwachte.
Und.
Er hatte einen Plan.

-ENDE-